让你大开眼界的世界之最丛书

本书编写组◎编

RANGNI DAKAI YANJIE DE SHIJIE ZHIZUI CONGSHU

让你大开眼界的植物世界之最

世界图书出版公司
广州·北京·上海·西安

图书在版编目（CIP）数据

让你大开眼界的植物世界之最 /《让你大开眼界的植物世界之最》编写组编 . — 广州：广东世界图书出版公司，2010. 4（2024.2 重印）

ISBN 978 - 7 - 5100 - 2043 - 8

Ⅰ. ①让… Ⅱ. ①让… Ⅲ. ①植物 - 青少年读物 Ⅳ. ①Q94 - 49

中国版本图书馆 CIP 数据核字（2010）第 049968 号

书　　名	让你大开眼界的植物世界之最 RANGNI DAKAI YANJIE DE ZHIWU SHIJIE ZHIZUI
编　　者	《让你大开眼界的植物世界之最》编写组
责任编辑	吴怡颖
装帧设计	三棵树设计工作组
出版发行	世界图书出版有限公司　世界图书出版广东有限公司
地　　址	广州市海珠区新港西路大江冲 25 号
邮　　编	510300
电　　话	020-84452179
网　　址	http://www.gdst.com.cn
邮　　箱	wpc_gdst@163.com
经　　销	新华书店
印　　刷	唐山富达印务有限公司
开　　本	787mm × 1092mm　1/16
印　　张	10
字　　数	120 千字
版　　次	2010 年 4 月第 1 版　2024 年 2 月第 11 次印刷
国际书号	ISBN　978-7-5100-2043-8
定　　价	48.00 元

前　言

植物是自然界生物中的一大类，与那些生动活泼的动物比起来，它们要安静得多。它们闭口不语，静待一切的美好与苦难，甚至在灭绝的一刻也沉默无语。但如果你觉得它们平庸，那你就错了。

植物不但不平庸，而且是这个世界不能缺少的成员。首先，整个世界的绿色植物每天可以产生约 4 亿吨的蛋白质、碳水化合物和脂肪，与此同时，还能向空气中释放出近 5 亿吨还多的氧，为人和动物提供了充足的食物和氧气。其次，在人类的生产生活中，它们也是最重要的参与者。

植物到现在大约有 25 亿年的历史，它们从海洋到陆地，从低级到高级，不断发展变化。在这个过程中，菌藻类、蕨类、裸子植物都曾一度占据“霸主”地位，而最终还是被取代，但它们仍然在继续繁衍生息。今天，植物界已经有 40 多万个种类。它们大致可分为菌类、藻类、蕨类、苔藓植物和种子植物，种子植物又分为裸子植物和被子植物。其中被子植物是植物界最高级的一类，自新生代以来，它们在地球上占据着绝对优势。现在已知被子植物共 1 万多属，约 20 多万种，占植物界的 1/2。它又可以分为单子叶植物和双子叶植物。

植物的种类如此繁多，以至人们在很多时候都不能具体的分辨。其实，植物种类繁多，而且都各具特色。它们有的是生命力最顽强的藻类，有的是最古老的蕨类，有的是最珍贵的裸子植物，有的却是最奇异的被子植物……只要我们去认识这些，那么它们也就不能分辨了，在这个过程中你可能还会有意想不到的惊喜，那就是在这些植物中也会有那些最特别的，能够给你留下深刻的记忆。

本书竭力将植物界的世界之最一网打尽，为便于梳理认识，把这些植物界的世界之最分别归于孢子植物（菌类、藻类、蕨类和苔藓植物）类、裸子植物类、单子叶植物类、双子叶植物草本类、双子叶植物木本类五个章节

另外，本书力图通过简明的体例、精炼的文字、新颖的版式、精美的图片等多种要素的有机结合，将植物世界中引人入胜的世界之最全方位、立体地展现出来，使读者轻松获取知识的同时，为其提供更广泛的文化视野、审美感受、想象空间和愉快体验。

目 录
Contents

单子叶植物类

双子叶草本植物类

孢子植物类

最早出现的绿色植物

郁郁葱葱的树林，浓荫蔽日；绿茸茸的草地，清香扑鼻。但是，你可知道今日大地绿装的来历？它是几十亿年前的最早绿色植物——藻类，从低等到高等，从简单到复杂，从海洋到陆地发展进化而来的。

已知最早的藻类化石是在非洲南部距今32亿年前的太古代地层中发现的。它们的形态结构十分简单，甚至没有真正的细胞核，核的组成物质集中于细胞的中央，无核膜和核仁，与现代的低等植物蓝球藻颇为相似，故命名为古球藻，但藻体内却和高等植物一样，含有叶绿素。

经过漫长的岁月变迁，到距今约25亿~17亿年前，在加拿大安大略州的早元古代含铁层中，不仅发现了具球状体的蓝藻化石，而且还有由许多形态相同或异形的细胞联接而成的丝状体结构。当地质历史的年代进入到距今14亿~12亿年时，具真核的藻类出现了。1978年6月在我国河北省蓟县震旦世地层中发现的绿藻化石，就是微细结构保持相当完好的真核藻体。大约在元古代晚期，褐藻在藻类生物中也已占有一定的位置，例如我国三门峡地区晚震旦世地层和世界其他许多地方，都发现有大量带状褐藻类化石。这些带状褐藻的广泛分布，可能是水生植物向陆地进军的第一步。

到古生代早期，藻类结构愈趋复杂，种类空前繁盛，成了植物界的主角。大约又过了2亿年，到了泥盆纪以后，藻类生物的发展似乎趋向衰退。而陆生植物开始大量出现，从此，苍茫大地披上了绿色的新装。

然而，绿色植物的创始者——藻类，还是以它们独特的个性，顽强地生存着。目前，从高山、平原、江河、海洋直至酷热的赤道和冰雪覆盖的极地，即使在85℃的矿泉中，都可找到它们的踪迹。

最耐高温的藻类植物

藻类植物是一大群种类繁多、适应性很强的植物。它们的个头，大的有几百米长，小的没有显微镜就见不着它们。地球上各个角落，从终年积雪的山顶到烈日炎炎的赤道平原，从浩瀚的大海到雨后的积水潭，甚至下水道的出口处……藻类植物都能安家落户，繁殖后代。

蓝藻是最耐高温的藻类植物。有的温泉水温能达到89℃，这样高的水温，人伸不下手，鸡蛋放进去几乎能煮熟。使人意外的是竟有一种藻，却能在其中正常生长和繁殖，它们是一种蓝藻。再也没有比它更能耐高温的藻类植物了。这种藻类的结构特殊，它的细胞内的物质，凝固点显然是在89℃之上。

蓝藻结构图

蓝藻是原核生物，又叫蓝绿藻、蓝细菌，大多数蓝藻的细胞壁外面有胶质衣，因此又叫粘藻。在所有藻类生物中，蓝藻是最简单、最原始的一种。蓝藻是单细胞生物，没有细胞核，但细胞中央含有核物质，通常呈颗粒状或网状，染色质和色素均匀的分布在细胞质中。该核物质没有核膜和核仁，但具有核的功能，故称其为原核（或拟核）。在蓝藻中还有一种环状DNA——质粒，在基因工程中担当了运载体的作用。和细菌一样，蓝藻属于“原核生物”，它和具原核的细菌等一起，单立为原核生物界。所有的蓝藻都含有一种特殊的蓝色色素，蓝藻就是因此得名。但是蓝藻也不全是蓝色的，不同的蓝藻含有一些不同的色素，有的含叶绿素，有的含有蓝藻叶黄素，有的含有胡萝卜素，有的含有蓝藻藻蓝素，也有的含有蓝藻藻红素。红海就是由于水中含有大量藻红素的蓝藻，使海水呈现出红色。

蓝藻属蓝藻门分为两纲：色球藻纲和藻殖段纲。色球藻纲藻体为单细胞体或群体；藻殖段纲藻体为丝状体，有藻殖段。蓝藻在地球上大约出现在距今35亿~33亿年前，已知蓝藻约2000种，中国已有记录的约900种。它们分布十分广泛，遍及世界各地，但大多数（约75%）淡水产，少数海产；有些蓝藻可生活在60℃~85℃的温泉中；有些种类和菌、苔藓、蕨类和裸子植物共生；有些还可穿入钙质岩石或介壳中（如穿钙藻类）或土壤深层中（如土壤蓝藻）。

数量最多的浮游藻类

在多得数不清的浮游藻类中，最多的一种是长着两个盒形小硬壳的硅藻。硅藻的“盒子”精美多样，有圆的、椭圆的、三角形和正方形的。它们的个子都十分微小，在一张普通邮票上，可以放5000到几万个。

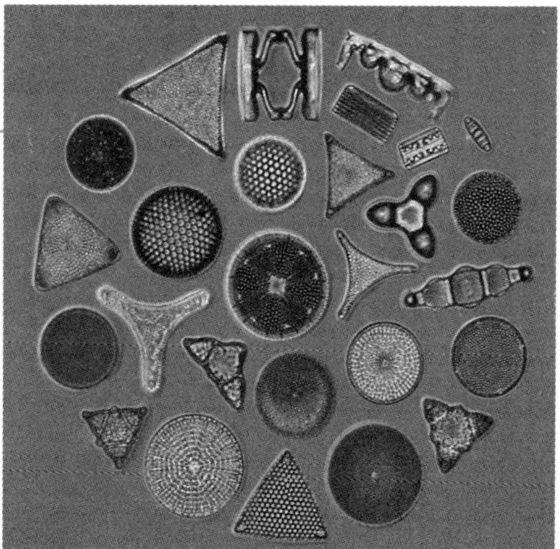
形状各异的硅藻

这种“盒子”似的硅藻，两三千万年以前，在海水中大量繁殖，死亡以后，它们坚硬的硅藻壳依旧不变，沉入海底，形成了由硅藻壳构成的广大地层。以后地壳变动，原先的海底，竟变成了连绵不断的大山。这些大山是由多少硅藻壳堆成的呢？

谁也数不清、算不出。看看从古到今的事实，谁也不会怀疑，硅藻是世界上数量最多的浮游藻类。

硅藻是一类最重要的浮游生物，分布极其广泛。它们在世界大洋中，只要有水的地方，一般都有硅藻的踪迹，尤其是在温带和热带海区。因为硅藻种类多、数量大，因而被称为海洋的“草原”。硅藻是一类具有色素体的单细胞植物，常由几个或很多细胞个体连结成各式各样的群体。

硅藻以细胞分裂繁殖为主。细胞分裂时，原生质膨胀，使上下两壳略为分离。细胞核进行有丝分裂，载色体、蛋白核等细胞器也随着分裂。原生质体也一分为二，其中一个位于母细胞的上壳之内，另一个位于母细胞的下壳，然后两壳分开成为上壳，各再生另一个新的半壳为下壳，这样形成的两个新硅藻中，一个与母体大小相等，而另一个则较母体为小。如此连续分裂下去，多数个体将越来越小。这种体积的缩小不是无限的，缩小到一定大小时，以产生复大孢子的方式恢复其大小。

硅藻是鱼、贝、虾类尤别是其幼体的主要饵料。它与其他植物一起，构成海洋的初级生产力。硅藻还是形成海底生物性沉积物的重要组成部分。经过漫长的年代，那些在海底沉积下来的以硅藻为主要成分的沉积层，逐渐形成了经济价值极高的硅藻土。硅藻土不但含有丰富的营养物质，而且还能完好地保存动植物的遗体，在古生物学研究领域具有重要意义。

硅藻是一类种类繁多的低等植物，约 11000 多种。在海洋中硅藻的种类最多，淡水和潮湿的土壤也不少。据估测每 1 立方厘米土壤中有羽纹藻约 1 亿个。硅藻种间个体差异大，小者 3.5 微米，大者 300 ~ 600 微米。硅藻的身体虽然只有一个细胞，可这一个细胞却非常有趣。它既不像动物细胞一样没有

显微镜下的硅藻

细胞壁，也与植物细胞的细胞壁大不相同。硅藻的细胞壁由大量的硅质组成，分为上、下两部分组成，上面的盖叫上壳，下面的底叫下壳，上壳套住下壳，并且上、下壳面上纹饰图案非常精美。如同透明的水晶箱，或者好比一间精致的玻璃小屋。从16世纪显微镜下发现的这些颇具魅力的小生物后，科学家们耗费了许多的笔工来描绘这些绚丽的玻璃壳。

硅藻死后，它们坚固多孔的外壳—细胞壁也不会分解，而会沉于水底，经过亿万年的积累和地质变迁成为硅藻土。硅藻土可被开采，在工业上用途很广。可制造工业用的过滤剂、隔热及隔音材料等等。

生长在地球最南的植物

南方，在人们的印象中往往是温暖宜人，四季如春。然而，在地球的南方尽头之处——南极，却是地球上外貌最怪异的地方。在那里，年平均气温为零下25℃，有记录的最低温度曾达零下90℃，尤其是这个被科学家们称为“风之家”的南极大陆，全年的风速平均为16千米/小时。然而在这样恶劣的气候条件与荒芜的瘠地上，人们于1934年在南极州的昆茂德山中发现了分布在地球最南的植物，它的地理位置为南纬86°03′，是直接生长在坚硬的花岗石上的地衣植物。

地　衣

地衣一般生长很慢，数年内才长几厘米。地衣能忍受长期干旱，干旱时休眠，雨后恢复生长，因此，可以生在峭壁、岩石、树皮上或沙漠地上。地衣耐寒性很强，在高山带、冻土带和南、北极，其他植物不能生存，而地衣独能生长繁殖，常形成一望无际的广大地衣群落。

地衣植物虽然没有鲜艳的花卉，灰绿色的微小个体几乎难以引起人们的注意，但却赋有征服大自然恶劣环境的特殊本领。地衣是南极地区最重要的植物。事实上，它不是单一植物，而是藻类与真菌共生的复合体，自然界中最突出、最成功的共生现象的范例。地衣约15000种，其中的藻类通常为绿藻，真菌多为子囊菌或担子菌。地衣曾一度分类为一个单独的植物体，但显微镜出现後发现地衣由藻类和真菌结合而成。藻类能进行光合作用，制造复合体所需的养料；而真菌虽不能像藻一样，在微弱的阳光下转换能量，却也起着多种作用：它把虚弱的藻胞固定在岩石上，它的“须根”吸住水分，使藻比它单独生存时获得更多的水分。有些地衣中的真菌还可以分泌出某种物质来溶解岩石，从而释放出地衣生长所需的无机物。

地衣的生命力极其顽强。实验证明，地衣能忍受70℃左右的高温而不死亡，在零下268℃的低温下，放几小时后仍能恢复正常生长。甚至，在博物馆的陈列柜里放了15年的地衣，当沾了水之后，居然“死”而复生。这些本领是其他植物所望尘莫及的，难怪地衣能远离生物家族的竞争，在天涯海角安居乐业了。

最长的海藻

在太平洋东部和大洋洲附近水深几十米的浅海里，生长着一种巨大的海洋植物。它们一株连着一株，形成了一片片繁茂的“水下森林”。它们就是有名的巨藻。

巨藻是世界上个体最长的海洋植物，一般的长100米，最长的竟达400米。就是说，只要23株这样的巨藻连接竖起来，就比“世界屋脊”珠穆朗玛峰还要高出300多米。陆地最高的树——杏仁桉树与它比起来，竟成了侏儒。只有最长的白藤，才能同它比个长短。

巨藻属于褐藻类，它们是藻类王国中最长的一族。它们靠1米多长的固着器将藻体固定在礁石上。巨藻的中心是一条主干，上面生长着100多个树枝一样的小柄，柄上生有小叶片，有的叶片长达1米多，宽度达到了6~17

厘米。叶片上生有气囊，气囊可以产生足够的浮力将巨藻的叶片乃至整个藻体托举起。这些气囊有规律的排列在叶片上主叶脉的两侧。

巨 藻

巨藻喜生长在水深流急的海底岩石上，垂直分布于低潮线下5～20米。在透明度高的水域，其着生深度可达30米，以18～20米处生长最茂盛。其生长最适水温为8℃～20℃。在适宜条件下，藻体日增长度可达50厘米，藻体成熟的年龄为12～14个月。在美国加利福尼亚和墨西哥下加利福尼亚州沿海藻场，由于水温适宜，一年四季都有成熟的孢子叶。其繁殖盛期在夏秋之交，中国海区生长的巨藻孢子体能耐受的温度上限为23℃～24℃，孢子叶发育的适温上限为20℃。配子体生长的最适温度为13℃～20℃，发育的最适温度为13℃～17℃，配子体和孢子体生长发育的最适光强为2000～3000勒克斯（照度单位）。

在巨藻生长茂盛的地方，巨大的叶片层层叠叠地可以铺满几百平方千米的海面。巨藻寿命可达8～12年，可以吃，也可以喂养家畜和鱼类，还可以提取多种化工原料。国外还把巨藻经过细菌分解和加工，从中提取煤气，设想以此解决全部或大部分燃料的需要。

最大的孢子

采蘑菇时，只要你稍稍触及老熟的蘑菇，在它那雨伞般身躯翻面的皱褶里，会落下很多细细的“粉末”，随风飞扬。这就是蘑菇繁殖后代的孢子。像蘑菇这样的孢子植物，不会开花结果，它们都以孢子繁殖后代。

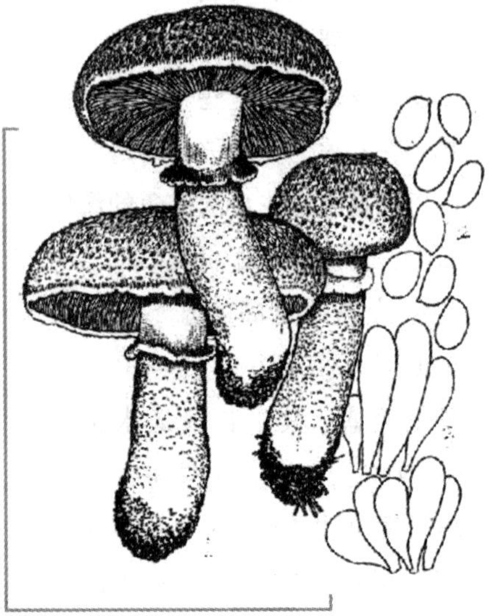
蘑菇及其孢子

孢子是生物所产生的一种有繁殖或休眠作用的细胞，能直接发育成新个体。孢子一般微小，单细胞。由于它的性状不同，发生过程和结构的差异而有种种名称。生物通过无性生殖产生的孢子叫“无性孢子”，如分生孢子、孢囊孢子、游动孢子等；通过有性生殖产生的孢子叫“有性孢子”，如接合孢子、卵孢子、子囊孢子、担孢子等；直接由营养细胞通过细胞壁加厚和积贮养料而能抵抗不良环境条件的孢子叫“厚垣孢子”、“休眠孢子”等。孢子有性别差异时，两性孢子有同形和异形之分。前者大小相同；后者在大小上有区别，分别称大、小孢子，并分别发育成雌、雄配子体，这在高等植物较为多见。

孢子的个儿一般很细小，直径只有几微米到几十微米，肉眼一般看不见它们。可是，也有例外情况，像高卷柏的孢子就很大，它的直径竟有1.5毫米，也就是1500微米，约有芝麻大小。在3亿年前石炭纪的地层中，地质学家发现了世界上最大的孢子化石，它叫大三缝孢子，直径竟有6~7毫米，比赤豆粒还要大。而红蘑菇孢子的直径只有10微米，也就是0.01毫米。

世上最珍贵的食用菌

竹荪又名“竹笙”、“竹菌”、“竹松”、“竹萼”、“竹笋菌“等，是我国名贵山珍，形态怡丽，清香袭人，在我国贵州、云南、福建、江苏、浙江、台湾、湖南、河南、河北等地都有分布，但以我国西南各省出产的最为名贵。除我国以外，在日本、印度、菲律宾等10多个国家也有发现。在我国黑龙江省海伦市曾发现一种同蘑菇相似的真菌。经专家教授鉴定，确认是世界最珍贵的食用菌——短裙竹荪。

竹荪属担子菌纲，鬼笔目，鬼笔科，有“竹参”、“竹笙”、“菌中皇后”等美称，是世界上名贵而又稀少的食用菌和药用菌。竹荪分长裙、短裙两种。一般生长在8月19日至9月28日，可延续到10月上旬，主要分布在海拔300~400米高的山区树林中，生长在落叶松、鱼鳞松、黑桦、自桦、枫桦、杨树等林中。

短裙竹荪

短裙竹荪的子实体较大，高12~18厘米。菌托粉灰色，直径4~5厘米。菌盖钟形，高宽各3.5~5厘米，具显著网格，内含有绿褐色臭而黏的孢子液。顶端平，有一穿孔，菌幕白色，从菌盖下垂直3~5厘米，网眼圆形，直径1~4毫米。

短裙竹荪可食用，需将菌盖和菌托去掉。此菌煮沸液，能防菜肴变质，和肉食共烹能防腐。在贵州民间治痢疾；子实体的发酵液有降低中老年人血脂，调节脂肪酸及预防高血压病。

这种短裙竹荪分布地区，过去仅限于南方，以四川南部为最多，现在在河北、辽宁、黑龙江、吉林、江苏、浙江等地也有分布。

生长最快的海洋植物

巨藻不仅是海洋中最长的植物，也是海洋中生长最快的植物。

在适宜的条件下，每棵巨藻一天内就可以生长 30～60 厘米。一年里，一棵巨藻可以长到 50 多米。最快的每隔 16～20 天面积就增大一倍，每隔 20～30 天长度可增长一倍。尤其是在夏季，很快就可以连接成一片，这是其它任何植物所望尘莫及的。生长在热带的巨藻全年都在生长，海边的以采集巨藻为生的渔民们每年可以收获 3～4 次。

巨藻的寿命一般在 4～8 年之间。最长寿的巨藻可以生长 12 年。如果每公顷海面种植 1000 棵巨藻，那么每年可以收获新鲜的巨藻 750～1200 吨。巨藻原产于北美洲大西洋沿岸，澳大利亚、新西兰、秘鲁、智利及南非沿岸都有分布。我国科学家在 1978 年从墨西哥把巨藻引进我国。从此，我国海水养殖的藻类中又增添了一个生力军。

含蛋白质最多的植物

随着世界人口的不断增长，对粮食的需要量也不断增长。

近几十年来，人们主要是靠推广良种、施用化肥、喷洒农药、耕作机械化、改善灌溉系统等办法来提高粮食产量的，但是这需要消耗大量的石油、煤等物质。同时产量的提高，在一定条件下总有个限度。因此，需要充分利用地球上丰富的植物资源，增加食物的品种，同时提高食物的质量，以不断满足人类的需要。

藻类是一类低能量的，蛋白质、膳食纤维、维生素和微量元素含量丰富的食物。如其中的维生素 B_1、维生素 B_2 和烟酸含量较高；微量元素的含量也是其他食物的数倍甚至十几倍。小球藻人们是熟悉的，它是一种绿藻，繁殖能力很强。它能利用太

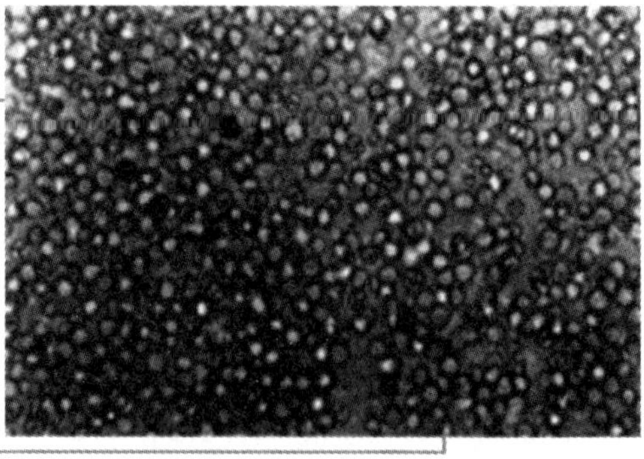

显微镜下的小球藻

阳光制造大量的蛋白质，一般含蛋白质 50%，超过牛肉、大豆等高蛋白质食物，所以营养价值很高。

螺旋蓝藻的蛋白质含量比小球藻还要高，是已被发现的含蛋白质最高的植物。螺旋蓝藻的个体比小球藻大 100 倍，蛋白质含量竟达 68%，是瘦肉的 3 倍多，半肥半瘦猪肉的 8 倍多。螺旋蓝藻除了含蛋白质、叶绿素和食物纤维以外，还含有丰富的维生素和矿物质。

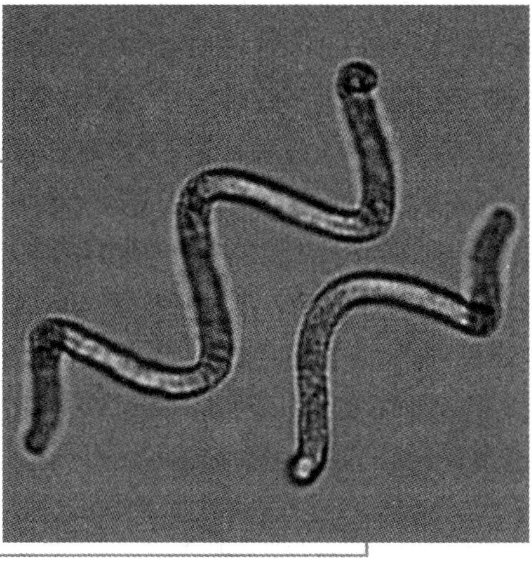

螺旋蓝藻

螺旋蓝藻除了含蛋白质、叶绿素和食物纤维以外，还含有丰富的维生素和矿物质。另外，螺旋蓝藻具有调节血清脂质、改善肠道菌群、抑制血压升高和预防脂肪肝等功能。

固氮效率最高的蓝藻

要农业增产，氮肥的充足与否往往起着决定作用。有些蓝藻能够利用空气中的游离氮素，合成氮素化合物，不断的释放出来。死亡分解之后，更可以释放出大量氮素化合物，作为其它植物的氮肥。据估计，地球上固氮蓝藻每年从空气中可固定纯氮 1000 万吨左右，相当于 5000 万吨硫酸铵所含的氮素。

蓝藻的种类很多，有 2000 余种，其中有固氮能力的不过 100 多种。如果把固氮蓝藻放在稻田里大量繁殖，通过它们的固氮作用，就能把原来水稻不能利用的空中氮气变成能利用的氮肥，这样，在稻田里就有了一座小型的“天然氮肥厂”。

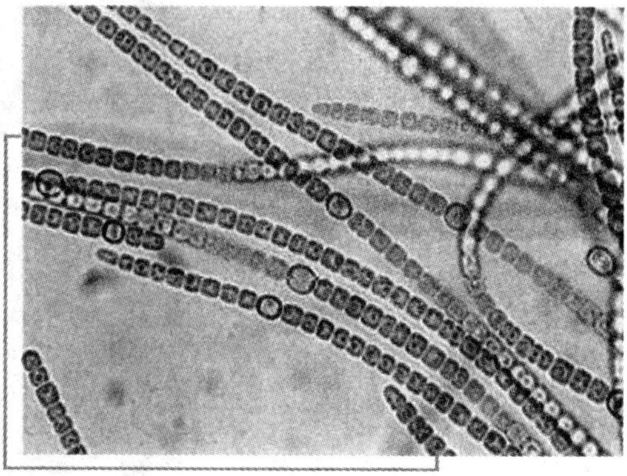

固氮鱼腥藻

中国科学院水生生物研究所，在稻田中繁殖固氮蓝藻中的固氮鱼腥藻，获得了稻子增产24%的效果。人们把这种固氮鱼腥藻命名为“万年肥”。但这还不是固氮效率最高的蓝藻。在印度，于稻田中繁殖固氮蓝藻中的管链藻，使稻子增产2.7倍。这充分说明，管链藻是固氮效率最高的蓝藻。因此，蓝藻作为生物肥料，是很有发展前途的。

生命力最顽强的植物

植物世界中，要数地衣的生命力最顽强。地衣一般生长很慢，数年内才长几厘米。地衣能忍受长期干旱，干旱时休眠，雨后恢复生长，因此，可以生在峭壁、岩石、树皮上或沙漠地上。地衣耐寒性很强，因此，在高山带、冻土带和南、北极，其他植物不能生存，而地衣独能生长繁殖，常形成一望无际的广大地衣群落。据试验，地衣在－273℃的低温下还能生长，在真空条件下放置6年还保持活力，在比沸水温度高一倍的温度下也能生存。因此，无论沙漠、南极、北极，甚至大海龟的背上它都能生长。

地衣为什么有如此顽强的生命力？人们经过长期研究，终于找到了“谜底”。原来地衣不是一种单纯的植物，它是由两类植物“合伙”组成，一类是真菌，另一类是藻类。真菌吸收水分和无机物的本领很大，即使在薄薄的晨雾中，它也要捞个一星半点。藻类具有叶绿素，它以真菌吸收的水份、无机物和空气中的二氧化碳作原料，利用阳光进行光合作用，制成养料，与真菌共同享受。这种紧密的合作，就是地衣有如此顽强生命力之秘密。

有人曾试验把地衣体的藻类和菌类取出，分别培养，而藻类生长、繁殖旺盛，菌类则被饿死。可见地衣体的菌类，必须依靠藻类生活。

海洋中最多的植物

海洋里，最普遍的植物是海藻。海藻的种类繁多，形态各异，有的长在岩石上，有的随波漂泊，到处流浪。这后一种海藻，统称为浮游藻。

浮游藻的藻体仅由一个细胞所组成，所以也称为海洋单细胞藻。这类生物是一群具有叶绿素，能够进行光合作用，并生产有机物的自养型生物。它们是海洋中最重要的初级生产者，又是养殖鱼、虾、贝的饵料。

浮游藻身体直径一般只有千分之几毫米，只有在显微镜下才能看见它们的模样，但其形状各有特色，几乎是一种一个样子。它们多数是单细胞的，也有许多是由单细胞结合起来的群体，有纺锤形、扇形、星形的，有椭圆形、卵形、圆柱形的，还有树枝状的。

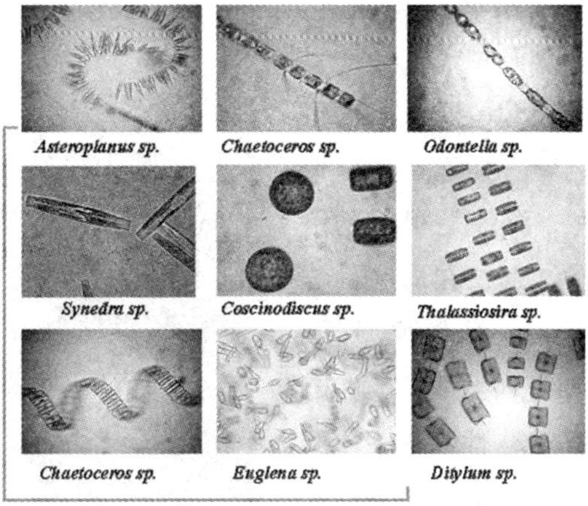

常见的海洋浮游藻

浮游藻的作用惊人。如果缺少了它们，富饶的海洋就会变成没有生命的死海了。因为，生活在海洋里的各种动物，都要间接或直接的靠吃浮游藻来生活。俗话说：“大鱼吃小鱼，小鱼吃虾米，虾米吃泥沙”。泥沙一般是不能作为食物的，虾吃的是附在泥沙上的浮游藻和别的小生物。人们估算，鱼类长 1 斤肉，就需要直接或间接吃几十斤甚至上百斤的浮游藻。海豹长膘 1 斤，竟需消耗浮游藻半吨多。所以从数十米长的巨鲸，到身体很小的糠虾，如果没有浮游藻，它们就要闹饥荒，统统饿死。

含碘量最高的海藻

含碘量最高的海藻是海带，它是海洋植物中产量高、生产快、个体大、经济、药用价值高的食用及工业用的海藻。

海带是一种含碘量很高的海藻。养殖海带一般含碘3‰～5‰，多可达7‰～10‰。从中提制得的碘和褐藻酸，广泛应用于医药、食品和化工。碘是人体必须的元素之一，缺碘会患甲状腺肿大，严重时颈脖上就像长个大瘤，行动不便，浑身无力。解放前，我国内地人民，常受这种疾病的折磨，而食用海带，就可以防止和治疗这种病，多食海带能防治此病。除此之外，多食海带还能预防动脉硬化，降低胆固醇与脂的积聚。

海 带

海带是褐藻的一种，生长在海底的岩石上，形状像带子，中医入药时叫昆布，有“碱性食物之冠”一称。藻体褐色，长带状，革质，一般长2～6米，宽20～30厘米。藻体明显地区分为固着器、柄部和叶片。固着器假根状，柄部粗短圆柱形，柄上部为宽大长带状的叶片。在叶片的中央有两条平行的浅沟，中间为中带部，厚2～5毫米，中带部两缘较薄有波状皱褶。也是藻类植物，像根的部分只是起到固着作用的根状物，像叶的部分叫叶状体。

海带中褐藻酸钠盐有预防白血病和骨痛病的作用；对动脉出血亦有止血作用，口服可减少放射性元素锶－90在肠道内的吸收。褐藻酸钠具有降压作用。海带淀粉具有降低血脂的作用。近年来还发现海带的一种提取物具有抗癌作用。海带甘露醇对治疗急性肾功能衰退、脑水肿、乙性脑炎、急性青光眼都有效。

海带还是一种优良的蔬菜，营养价值很高。据分析，每100克海带干品，含有粗蛋白8.2克，脂肪0.1克，糖57克，无机盐12.9克，钙2.25克，铁0.15克，能发出262千卡热量。海带与营养价值较高的菠菜、油菜等比较，粗蛋白、糖、钙、铁的含量要高出几倍到几十倍。

最早的陆上植物

最早的植物生长在水中，蓝绿藻就是它们的祖先，距今35亿年前的太古代时就有化石了。而陆上植物的出现却晚得多，因为这些植物属于高等植物。通俗地说，有根、茎、叶的分化和具有多细胞的雌性生殖器官和胚。当然，最初出现的高等植物不可能那么完备，比如叶和根往往不大清楚。这类植物，已被化石记录证实了，称为顶囊蕨。

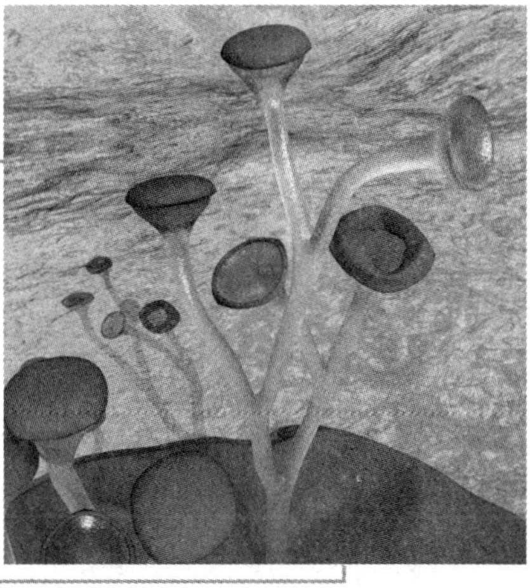
顶囊蕨构想图

大约在距今4亿年前的志留纪晚期，地壳发生了一次规模较大的变动。出现了大片新生的陆地。一些原来生长在海滨潮汐带上的绿藻，经常随着海水的进退而过着两栖生活，此时作为首批上陆的植物来到新生的陆地。有些种类无法适应新环境而趋于灭亡，而另一些种类则在新环境里改造自己，增强了变异性能，终于冲破了历经二三十亿年的水生环境的束缚而立足于陆上了。这就是顶囊蕨，最初出现于志留纪晚期，到泥盆纪时，迅速遍及北半球各地和澳大利亚。

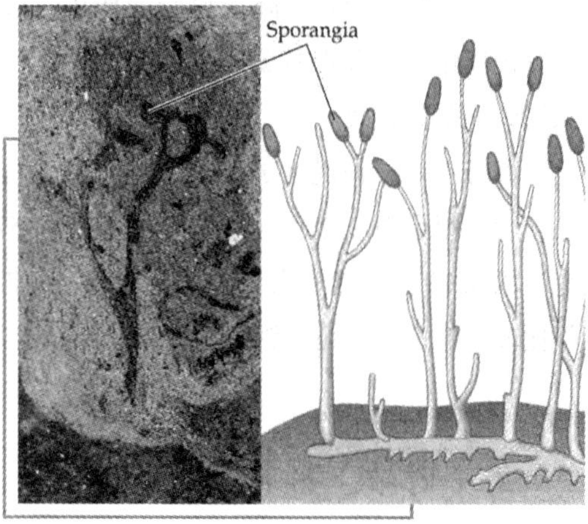

顶囊蕨化石及还原图

顶囊蕨是一种结构非常简单的原始维管植物（有茎），目前只发现它的枝轴上部化石。个体纤细，大概像火柴棒那么粗，高不足10厘米，无根又无叶，表面光滑，以数次连续的二歧式分枝生长，在末级分枝顶端长着一个球形或肾形的孢子囊，其内部藏有具角质化外壁的三缝孢子。顶囊蕨枝轴中心有一主要由环纹管胞组成的维管束。看来，它的茎除输导和支持作用外，还兼有光合和呼吸作用。估计还有单细胞构造的假根，使植物固着，吸收水分和营养。古植物学家就把顶囊蕨归属于瑞尼蕨型裸蕨植物。

石炭纪最繁盛的植物

3亿年前的石炭纪，是个奇异的树木世界。当时的树木，长得奇形怪状：有的像高塔，树冠像把大伞，树皮上布满鱼鳞一样的斑纹；有的个儿矮些，在那直挺挺的树干顶上，长着一撮细小的毛茸茸的针叶，远看就像一枝分叉的大毛笔；有的大树生着芦苇那样分节的茎。这些几十米高的大树，几乎都是蕨类植物。当时的大陆，被蕨类植物占据着。所以我们称石炭纪是蕨类植物最繁盛的时期。

石炭纪是植物世界大繁盛的代表时期。早石炭纪的植物面貌与晚泥盆世相似，古蕨类植物延续生长，但只能适应于滨海低地的环境；晚石炭纪植物进一步发展，除了节蕨类和石松类外，真蕨类和种子蕨类也开始迅速发展。

石炭纪时，早期的裸子植物（如苏铁、松柏、银杏等）非常引人注目，但蕨类植物的数量最为丰富。蕨类植物是灌木林中的旺族，它们虽然低矮，但大量占据了森林的下层空间，紧簇拥挤，蒸蒸日上。可以这样说，今天地球上之所以蕴藏有如此丰富的煤炭资源，与石炭纪的植物界的繁盛密切相关。中国是煤炭资源大国，外国科学家们曾经指出，石炭纪森林的广袤和茂密可以从中国所产煤层的厚度上看出来，有的煤层厚度竟然超过 120 米，这相当于 2440 米的原始植物质的厚度。

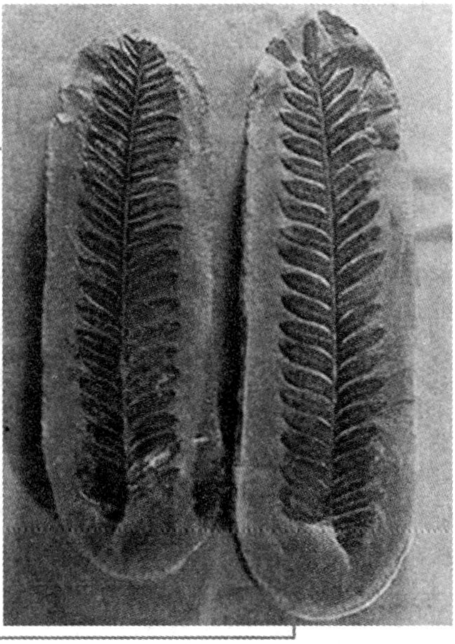

石炭纪的种子蕨化石

石炭纪森林分布在地球陆地的许多地方，在中国北方的华北平原，就曾保存着石炭纪的广袤森林，山西的煤层应该是最好的证据。在石炭纪时，山西大地历经海水的数次入侵，海陆频频交替。每当海水退却，陆地植物便在温暖潮湿的环境下迅速繁盛，一期又一期的森林就这样生成了。成煤的泥炭沼泽植物林中，主要以石松类、科达类、种子蕨类、真蕨类等为主，当我们今天开发山西的煤炭资源时，有谁能够知道并辨认出那些形形色色的史前植物呢？

最原始陆生高等植物

松叶蕨科是目前所知最古老最原始的陆生高等植物。

松叶蕨亚门植物是原始的陆生植物类群，孢子体分匍匐的根状和直立的气生枝，无根，仅在根状茎上生毛状假根，这和其他维管植物不同。气生枝二叉分，具原生中柱，很多古代的种类无叶，现在生存的种类具小型叶，但无叶脉或仅有单一叶脉。孢子囊大都生在枝端，孢子圆形，这些都是比较原始的性状。

松叶蕨

松叶蕨孢子体分根状茎和气生枝，根状茎棕褐色，生于腐植土或岩缝中，也有附生在树皮上。无真根，仅有假根，体内有共生的内生菌丝。气生枝多次叉状分枝，基部棕红色，上部绿色能营光合作用，主枝有纵脊3~5条，小枝扁平，具原生中柱或外始式管状中状，表皮有气孔，叶为鳞片状，小型叶，无叶脉及气孔。孢子囊分三室，系由三个孢子囊聚合而成，具短柄，生在孢子叶的叶腋内。孢子同形，配子体发育在腐植土或石隙中，体小，呈不规则圆筒状，与初期发育的孢子体很相似，棕色无叶绿素，有单细胞的假根，内具断续的中柱，木质部的管胞为环纹或梯纹，维管束的边缘部分有菌丝共生，可知最初的陆生绿色植物和非绿色植物的共生现象已经出现。配子体的表面有颈卵器和精子器，其结构大致和苔藓植物相似，精子多鞭毛，受精时需要水湿条件，胚的发育也必须具有菌丝的共生。

松叶蕨亚门的植物绝大部分已经绝迹，成了化石植物，现代生存的裸蕨植物，仅存松叶蕨目，包含2个小属，即松叶蕨属和梅溪蕨属。前者有2种，我国仅有松叶蕨1种，产热带和亚热带地区。后者仅一种梅溪蕨，产澳大利亚、新西兰及南太平洋诸岛。

现存最小的蕨类植物

现存最小的蕨类植物是产于南洋群岛的一种附生在树干上的团扇蕨。

团扇蕨植株小，高1.2～2厘米。根状茎纤细，丝状，互相交强，横走，黑褐色，密被暗褐色短毛。叶远生，具细柄，叶柄长6～10毫米，下部被暗褐色短毛；叶片团扇形至圆状肾形，直径5～12毫米，基部心形、截形或短楔形，掌状分裂，裂片线形，钝头或有缺刻；生囊苞的裂片通常较不育，裂片短或近等长，叶脉多回分叉，每小裂片有小脉各1条；叶质薄，半透明，干后暗绿色，两面光滑无毛。孢子囊群生于短裂片顶端，囊苞瓶状，两侧有翅，口部膨大而外翻，成熟时囊托突出囊苞口外。

团扇蕨

团扇蕨生于林下水湿的岩石上，海拔600～800米处。分布于我国东北、华东、华中、华南及西南，亚洲其他热带、亚热带等地区也有分布。

现存最大的蕨类植物

在距今约1.8亿万年前，桫椤曾是地球上最繁盛的植物，与恐龙一样，同属“爬行动物”时代的两大标志。但经过漫长的地质变迁，地球上的桫椤大都罹难，只有极少数在被称为“避难所”的地方才能追寻到它的踪影。桫椤名列中国国家一类8种保护植物之首。新西兰是桫椤产地之一，它也是新西兰的国花，被人们所保护着。

桫椤是树形蕨类植物。茎直立，高1～6米，胸径10～20厘米，上部有残存的叶柄，向下密披交织的不定根。叶螺旋状排列于茎顶端；茎端和拳卷叶以及叶柄的基部密被鳞片和糠秕状鳞毛，鳞片暗棕色，有光泽，狭披针形，先端呈褐棕色刚毛状，两侧具窄而色淡的啮蚀状薄边；叶柄长30～50厘米，通常棕色或上面较淡，连同叶轴和羽轴具刺状突起，背面两侧各具一条不连续的皮孔线，向上延至叶轴；叶脉在叶片上羽状分叉，基部下侧小脉出自中脉的基部；叶纸质，干后绿色，羽轴、小羽轴和中脉上面被糙硬毛，下面被灰白色小鳞片。孢子囊群着生于侧脉分叉处，靠近中脉，有隔丝，囊托突起，囊群盖球形、膜质。

桫椤喜生长在山沟的潮湿坡地和溪边的阳光充足的地方，常数十株或成百株构成优势群落，亦有散生在林缘灌丛之中。桫椤在我国分布很广，从北纬 18.5°至 30.5°。

桫 椤

桫椤科在全世界共有 6 属 500 余种，产于热带亚热带山地。根据目前比较权威的研究结果，我国有 2 属 14 种和 2 变种，分布于西南和华南地区。黑桫椤被并入桫椤属作为亚属处理。桫椤科的主要分类特征是叶柄基部的鳞片，叶轴上的气囊体，孢子囊的孢子数目和囊群盖等。

由于桫椤科植物的古老性和孑遗性，它对研究物种的形成和植物地理区系具有重要价值。它与恐龙化石并存，在重现恐龙生活时期的古生态环境，研究恐龙兴衰，地质变迁具有重要参考价值。桫椤树形美观，树冠犹如巨伞，虽历经沧桑却万劫余生，依然茎苍叶秀，高大挺拔，称得上是一件艺术品，园艺观赏价值极高。

最大与最小的藓类植物

全世界约有苔藓植物 23000 多种，从两极到赤道，几乎到处都有它们的踪迹。在植物界系统进化中，苔藓植物占有相当重要的地位。它们是由水生向陆生过渡的一个植物类群。

苔藓植物的形态构造比水生的藻类复杂得多，但比起其他高等的植物类又显得简单得多。它们只有单细胞的假根，没有真正的叶和茎。茎内也缺少输送水份和养料的维管束，因而水份和养料不能输送很远。同时，植物体细胞壁加厚不多，强度不大，这些结构条件限制了苔藓植物向高大方向发展。所以，苔藓植物是一群小型的多细胞的绿色植物，中最大的种类也只有数十厘米。

苔藓植物分为苔和藓两大类。一般情况下，藓类比苔类要高大一点。但藓类高度也只有几毫米到几十厘米。例如生长在新西兰的巨藓是目前世界上发现的最高大的藓类植物，它们高可达50厘米。它之所以能长得如此之高，可能与它的茎开始有了输导组织的分化。以及细胞内有了类似木质素的聚合体的存在有关。而另外一种夭命藓却是藓类植物中最小的一种，它的茎长不及0.3毫米。由于个体小，往往附生在热带雨林中乔灌木的叶子上，一片小树叶上可以长上几十甚至几百株，构成热带雨林奇观之一——“叶附生”现象。

吸水能力最强的植物

在沼泽地区或森林洼地，生长着一种苔藓植物，称为泥炭藓。它能吸收自身体重的20～25倍的水分，比脱脂棉的吸水能力强1～1.5倍，是吸水能力最强的植物。

泥炭藓是藓纲泥炭藓科的唯一代表属。原丝体呈片状。植物体柔软，灰白色或灰绿色，高可达数十厘米而呈垫状生长。茎纤细，单生或稀分枝，表皮细胞大形，无色，有时具水孔和螺纹。叶细胞大形，无色透明，具水孔和螺纹加厚，间有狭长形的绿色细胞。孢蒴球形，成熟时紫黑色，盖裂，由柔弱、透明的假蒴柄自茎顶伸出，孢子四分型。在系统上为藓类植物的最原始分类群，约100种，分布于世界各地。泥炭藓植物习生于高山和林地的沼泽中，或经常有滴水的岩壁下洼地及草丛内，尤其在北温带分布较广。

泥炭藓

泥炭藓的大型种类经消毒加工后，可代替脱脂棉做敷料或制造急救包。由于泥炭藓含有泥炭藓酚、丁香醛及多种酶，作伤口敷料时，有收敛和杀菌的作用，促进伤口愈合。第一次世界大战时，因缺乏药棉，加拿大、英国、意大利等国曾利用泥炭藓类植物的吸水特性代替棉花制作敷料。由泥炭藓和其他植物长期沉积后形成的泥炭，其1吨的燃料热量相当于0.5吨的煤。泥炭藓植物迄今仍为苗木、花卉等长途运输的最佳包装材料。

最小的苔类植物

生长在阴湿地区树干和石面上密密浓浓、绿茸茸的苔藓很少引起人们的注意。因为苔藓虽然种类繁多、分布极广，有惊人的适应性，但它的真面目多半要借助于显微镜才能看得清，所以被称为植物界的侏儒。

苔藓是最早出现在地球上的有胚植物之一，它的根、茎、叶由单列细胞或单层细胞组成，各方面都带有系统发育的原始烙印，尽管它们的足迹遍及世界各地，但是那种先天不足的缺陷，使它们没有魁梧的身材和强壮的体格，在与其他高等植物的竞争中。成了可怜的败北者，成了植物进化上的一个“旁支”，不论它怎么拼命地长，还是高大不起来。苔类中的最小成员——美洲的囊果苔，它的个体十分微小，通常直径不及1毫米，雄株比雌株更小。真可谓是植物界侏儒中的侏儒了。

囊果苔植物体小形，倒心脏形，不分枝或两歧分枝，单层细胞，中肋宽阔，由多层细胞所组成。腹面无鳞片，但植物体近尖部常有粘液毛。无气室与气孔。雄株明显小于雌株。雌雄生殖苞均着生叶状体背面。颈卵器由大形囊状总苞包被。

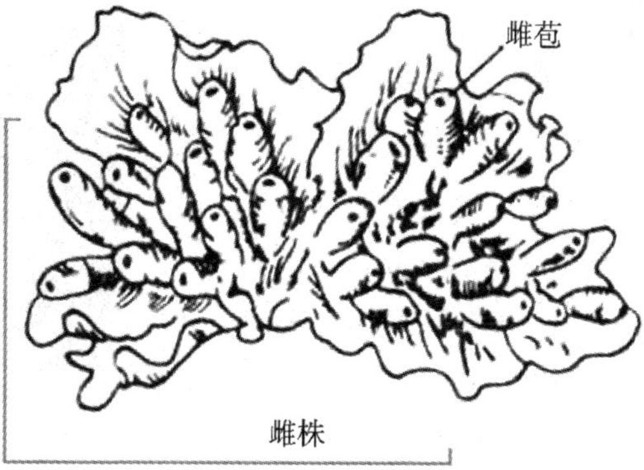

囊果苔雌株

囊果苔科和纽苔科，包括囊果苔属、地苔属和纽苔属，分布北美、欧洲和北非，约有20种。中国尚未发现该目植物的分布。生态习性多为阴湿土生，但纽苔属植物为直立水生类型。植物界的性染色体最初于1917年从本属的杜氏囊果苔中发现，本属植物常大量应用于遗传学研究。

最会迁徙的植物

南美洲卷柏的生存需要充足的水分，当水分不充足的时候，它就会自己把根从土壤里拔出来，让整个身体缩卷成一个圆球状，由于体轻，只要稍有一点儿风，它就会随风在地面上滚动。一旦滚到水分充足的地方，圆球就会迅速地打开，根重新钻到土壤里，暂时安居下来。当水分又一次不足，住得不称心如意时，它会继续游走寻找有充足水源的“新家”。

卷柏为多年生草本，高5~18厘米，主茎直立，常单一，茎部生着很多须根；上部轮状丛生，多处分枝，枝上再作数次两叉状分枝。叶鳞状，有中叶与侧叶之分，密集覆瓦状排列，中叶两行较侧叶略窄小，表面绿色，叶边具无色膜质缘，先端渐尖成无色长芒。孢子囊单生于孢子叶之叶腋，雌雄同株，排列不规则，大孢子囊黄色，内有4个黄色大孢子。小孢子囊桔黄色，内涵多数桔黄色小孢子。许多人认为卷柏是裸子植物，其实不然，它属于由孢子繁殖的蕨类植物，没有种子。

卷柏的奇特之处是它极耐干旱的本领和“死”而复生的特性。但它的生长环境却很特殊，往往生长在干燥的岩石缝隙中或荒石坡上。在这样的环境中，水分的供应没有保障，仅在下雨时有一些过路水迅速流过。但卷柏凭借着有水则生、无水则“死”的生存绝技，不但旱不死，反而代代相传繁衍生息。在生长时，卷柏枝叶舒展翠绿可人，尽量吸收难得的水分。一旦失去水分供应，就将枝叶拳曲抱团，并失去绿色，像枯死了一样。随着环境中水的有无，卷柏的生与“死”也交替进行，因此在民间人们又称它为还阳草、还魂草、长生草、万年青。科学家则称这种小草为“复苏植物”，仿佛在干旱时它睡着了，遇到水又重新醒来似的。

卷 柏

海拔最高的茶叶

我国地大物博，自然界无奇不有。在云南省丽江的玉龙山，海拔4000米以上的高山上，可看到一种有趣的现象，山地上有白色的粉丝状的东西，很像普通食用的粉丝。如果你把这种“粉丝”用开水冲喝，就像喝普通茶一样。当地土名叫它“雪茶”，是茶的代用品，并含有维生素。云南丽江饮用雪茶历史悠久，明代雪茶就已成为土司朝贡的珍品。丽江雪茶在中国药典中价值不菲，在《本草纲目拾遗》中有记载：“雪茶本非茶类，乃天生一种草芽，土人采得炒焙，以代茶饮烹食之，入腹温暖，味苦凛香美”。

其实雪茶是一种地衣类植物，状如空心草芽，长30~70毫米，粗1~3毫米，形似白菊花瓣，重量极轻，因此洁白如雪得名。丽江雪茶生长于海拔4000米以上的雪域高山苔藓植物带，系天然野生，不能人工栽培。雪茶按其颜色可分为白雪茶和红雪茶，白雪茶主要生长在4000米的雪山域里，数量非常稀少。它在下雪的时候开始发芽，待雪盖住它时，它便长出嫩叶即是白雪茶。白雪茶茶耐冲泡，可以单独泡饮，也可以作为配茶。具有清热、消暑、生津止渴、清肝明目等功效。红雪茶，又名金丝茶，分布在海拔4000米以上的落叶松、冷杉干枯树干上。开水冲泡，色泽红亮，犹如红葡萄酒色，红雪茶富含大量人体必须的微量元素等，具有降血脂、胆固醇，清心开窍，补血养心等功效，对高血压、冠心病、肥胖症、神衰体弱等有明显功效。

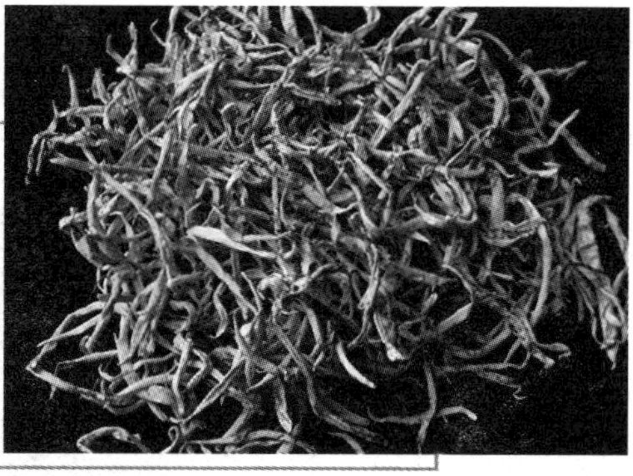
雪　茶

丽江雪茶是最有名的，它性凉、味甘，并且富含雪茶酸、鳞片酸、羊角衣酸、甘露醇、氨基酸，多种维生素和微量元素，而且它经过药检属的检验，证明是安全无毒副作用的饮品。它具有多种药用价值，可开水冲泡，或与茶叶、菊花、甘草等物一同泡制饮用。若喉疼时将雪茶慢慢咀嚼，其味由苦转甘甜、回味无穷，最后喉痛就消失了。

最著名的食用藻类

在植物学中，藻类是一群低等植物，无论在江河湖沼，还是陆地海洋，到处都有它的踪迹。它们之中的多数种类是鱼类的主要饵料，一些种类可供食用、药用和工业用，与人类生活有不解之缘。

最著名的食用藻类植物应数发菜。这种植物黑绿色，细长丝状，像一团乱糟糟的头发，因而得名。别看其貌不扬，它却是一种极名贵的菜肴，一般食桌上是不能使它屈尊就座的，它只与海参、燕窝、猴头相伴为伍，出现在豪华的宴席中。至今，以发菜为主要原料制作的名菜，有北京的“酿发菜”，陕西的“拌发菜”，甘肃的“小鸭发菜”、“和平发菜”、“金钱发菜”，福建的“发菜球”，青海的“三色发菜”等。发菜还是我国的传统出口商品。据记载，早在唐代就已被广泛采集并远销国外。

发菜何以如此珍贵？原来，据科学分析，其蛋白质含量高达20%，高于鸡蛋和一般肉类。而且脂肪含量低，只有0.3%。故是一种高蛋白、低脂肪的营养品。发菜还有助消化、解积腻、清肠胃、降血压、调节神经等多种功能，可用于治疗高血压、妇科病等多种疾病。

发 菜

发菜属于蓝藻门念珠藻科，把它放在显微镜下观察，每条细丝是由许多细胞连接而成，好像一串念珠。细丝往往相互缠绕，外有胶质包着，形成胶质的块状或球状。发菜有一孪生姐妹，叫葛仙米，同属于一个家族。葛仙米也有相当名气，它在干燥时，卷缩呈灰黑色，湿润时变为绿色。在煮醒糟时，放点葛仙米，就是著名的风味小吃“仙米醒糟”，极受人们喜爱。葛仙米附生于水中的砂石间或潮湿的泥土上。我国各地均有分布，但以四川产最为著名。

发菜分布于我国宁夏、陕西、内蒙古、新疆、青海一带，其中尤以内蒙古乌兰察布盟北部牧区产的发菜最为著名。发菜既不生长在江河里，也不长在湖沼中，而是长在荒漠和半荒漠的戈壁滩上。在内蒙古，每年11月至翌年5月份，是采收主要季节，特别是未经放牧的地区，可以找到生长良好的发菜。

此外，像海带、紫菜、石莼、裙带菜、鹿角菜、羊栖菜、石花菜等都是著名的食用藻类植物。

裸子植物类

叶最长寿的植物

在非洲西南部靠近海岸的狭长沙漠带中，远远望去，零零落落地生长着一些像大树桩一样的东西，它叫百岁叶。

百岁叶的长相十分古怪，像树桩的东西是它的茎，高不到30厘米，然而很粗，直径约有60厘米，茎能年年加粗，中间浅裂为二。百岁叶一生虽然只有两片叶子，但和它的生命共存亡，能生长100多年，所以叫它百岁叶。这是植物王国中最长寿的叶子了。

百岁叶两片革质的叶子，生在茎顶部的边缘上，左右分开，披在地上，仿佛是两条宽阔的皮带。叶子靠近茎基的部分不断生长，显得较厚较硬；叶梢部不断破坏，显得较薄较软，而且分为许多丝丝绺绺，好像流苏垂缨。叶子长达两三米，最长可达六七米，宽约有30厘米。整个叶子只有叶基部为绿色，执行着光合作用功能。

百岁叶是雌雄异株植物，年年开花，苞片鲜红色，种子上有翅，能乘风飞散，传播“子孙”。

说来奇妙，一般生长在沙漠干旱地区的植物，都有叶子退化的趋势，叶变成针刺状，像众所周知的仙人掌，就是典型的代表。为什么百岁叶一反常态，反而叶大得出奇，并能活上百多年不枯不死呢？原来它的根又长、

百岁兰

又直、又深，能吸到地下水。它又生长在靠近海岸的沙漠中，从海上吹来含大量水分的雾气，形成重重的露水落下来，使它沾了不少的光。它既能从地下得到水，又能从天上得到水，所以不怕干旱，能长期存活下来，并且一年四季都是保持活跃、兴旺的姿态。

百岁叶又叫做百岁兰，它不是兰花，更不属于兰科，但是人们却给它起了这个雅致的别称。可见人们是多么的喜爱它。它是非常稀有的珍异的裸子植物，属于百岁叶目、百岁叶科、百岁叶属。此目、此科、此属在植物王国中，现仅存这一种，可算是“独苗”了。它是现在地球上植物中残遗种兼特有种的一个最好例证。百岁兰目的家族原有很多，在地质年代里曾繁盛一时，由于受到距今约2000万年前的第四纪冰期的侵袭，它的成员都灭绝了，唯独百岁兰这个“幸运儿”免受灾殃。

南洋杉

最著名的公园树

在世界的公园里，有着无数的奇花异草和珍果佳木，它们各有不同的观赏特征，吸引着人们去欣赏。有的人喜欢春天的牡丹，有的人爱看夏天的荷花，有的人欣赏秋天的红叶，有的却爱挺立在寒风中的劲松。真所谓萝卜与青菜，各人各喜爱。

但是，在园林花木中，雪松、南洋杉和金松这三种树，刚劲挺拔，特别秀丽，所以，一致公认这是世界最著名的三大公园树。

金　松

雪松原产在喜马拉雅山的西部，是四季常绿的大乔木，高可达50米，大枝平展，小枝下垂，形成尖塔形的树体，世界各国，几乎都有栽培。雪松树体高大，树形优美，为世界著名的观赏树。最适宜孤植于草坪中央、建筑前庭之中心、广场中心或主要建筑物的两旁及园门的入口等处。其主干下部的大枝自近地面处平展，长年不苦，能形成繁茂雄伟的树冠，此外，列植于园路的两旁，形成甬道，亦极为壮观。

南洋杉也是常绿大乔木，高达60～70米，大枝平展轮生，层次分明，远远望去，像一座翠绿的宝塔。它的故乡是澳大利亚，我国两广、福建、台湾等地已广泛栽培。南洋杉为美丽的园景树，可孤植、列植或配植在树丛内。也可作为大型雕塑或风景建筑背景树。盆栽苗用于前庭或厅堂内点缀环境，则可显得十分高雅。

金松原产日本，常绿乔木，高达40米，大枝平展，树冠圆锥形，叶子碧绿光亮，格外好看。金松是现代孑遗植物之一，它的树形端正，仪态万方，是世界五大庭院树木之一。我国庐山、上海、南京、青岛等地，已有引种。

最高的裸子植物

在美国加利福尼亚州的“红杉国家公园”中，巨树林立，高耸云天，这些巨树就是世界闻名的“世界爷”。它们属裸子植物的巨杉属，是最高的裸子植物，其中最高的一棵可达115米，这棵树的茎基部直径为11米，如果开一个洞，3辆卡车可以并排通过。它不仅树身巨大，寿命也长，它的寿命已达3500岁，所以称它为“世界爷”。巨杉的巨大，还表现在单单一棵巨杉的木料就可以建筑5间1套的住房40套。

北美巨杉“世界爷”

这种高大的树木，现今仅生长在美国西部的内华达山脉西坡海拔1500~2500米的小片面积上，这里海洋性的气候温和湿润。这类巨杉在距今约7000万年前，曾广泛分布在地球的北半部，到了距今约200万年前，冰川运动使得它在世界许多地方都绝灭了，只幸存在冰川没有到达的加里福尼亚。它们的化石在亚洲、欧洲、格陵兰和智利等地都可发现，故而人们也就称它们为活化石

巨杉何以能活千余年？这也许和它的树皮厚达0.6米有关，即使森林中发生火灾，也难以把巨杉烧死。有棵巨杉，由于火灾，树干中空了，留下一个极大的“空壳”，但仍挺拔地生活着。

世界爷的木材非常的抗腐朽，但是易脆，因此不适合当建筑材料。在

1880～1920 年时的伐木潮时发现：由于它们巨大的重量和易脆性，因此在它们被砍伐倒下时，大部份的木材都会被浪费。伐木工人尝试挖壕沟并填满树枝来缓和冲击；不过，估计还是最少会损失 50% 的木材。世界爷的木材通常用来作屋顶木板或栅栏，或甚至火柴棒。

子叶最多的植物

各种植物子叶的大小、形状等有所不同，我们可以利用这些特征，来识别植物。花生、蚕豆、黄豆等种子里，有两枚肥厚的子叶，这些叫双子叶植物；小麦、玉米、水稻等谷粒，只有一枚子叶，叫做单子叶植物。

全世界共有种子植物约 30 万种，其中双子叶植物约占 4/5，单子叶植物约占 1/5。以上两类植物，因为种子外面有果皮包被，所以总称为被子植物。

松、杉、柏等裸子植物的子叶变化较大，如日本金松有 2～3 片子叶，北美巨杉 3～5 片，黑松 7～10 片，白皮松有 12 片。世界上子叶最多的植物是红松，共有 16 片。这许多的子叶排成一轮，像一把伞骨。

红　松

红松属松科松属，常绿针叶乔木。幼树树皮灰红褐色，皮沟不深，近平滑，鳞状开裂，内皮浅驼色，裂缝呈红褐色，大树树干上部常分杈。心边材区分明显，边材浅驼色带黄白，常见青皮；心材黄褐色微带肉红，故有红松之称。枝近平展，树冠圆锥形，冬芽淡红褐色，圆柱状卵形。针叶 5 针一束，长 6～12 厘米，粗硬，树脂道3个，叶梢早落，球果圆锥状卵形，长9~14厘米，径6~8厘米，种子大，倒卵状三角形。花期6月，球果翌年9~10月成熟。该树种喜光性强，随树龄增长需光量逐渐增大。要求温和凉爽的气候，在土壤pH值为5.5~6.5的山坡地带生长好。

红松是著名的珍贵经济树木，树干粗壮，大的两个人手拉手都抱不过来。树高入云，挺拔顺直，是天然的栋梁之材。红松材质轻软，结构细腻，纹理密直通达，形色美观又不容易变形，并且耐腐朽力强，所以是建筑、桥梁、枕木、家具制作的上等木料。即使是红松的枝桠、树皮、树根也可用来制造纸浆和纤维板。从松根、松叶、松脂中还能撮松节油、松针油、松香等工业原料。

精子最大的植物

苏铁的精子是所有植物中体积最大的，长达0.3毫米，用肉眼即可看出。其形状如同陀螺一般，前端生着众多的鞭毛，排成一环一环的，能够在花粉管的液体内自由流动，当与雌花中的卵子相遇后，即结全发育成胚胎，完成受精的使命。

苏铁雌雄异株，花形各异，雄花长椭圆形，挺立于青绿的羽叶之中，黄褐色；雌花扁圆形，浅黄色，紧贴于茎顶。花期6~8月。种子卵圆形，微扁，熟时红色。其实铁树是裸子植物，只有根、茎、叶和种子，没有花这一生殖器官，所以，铁树的花，是它的种子。种子成熟期为10月份。

苏铁科植物是世界上最古老的裸子植物，曾与恐龙同时称霸地球，被地质学家誉为“植物活化石”。它起源于古生代的二叠纪，于中生代的三叠纪（距今2.25亿年）开始繁盛，侏罗纪（距今1.9亿年）进入最盛期，几乎遍布整个地球，至白垩纪（距今1.36亿年）时期，由于被子植物开始繁盛，才逐渐走向衰落。到第四纪（距今250万年）冰川来临，北方寒流南侵，苏铁科植物大量灭绝，但由于青藏高原、秦岭等的阻隔，在四川、云南等地有部分苏铁科植物幸免于难。今天，苏铁科植物共保存约10属110

种，主要分布在南北半球的热带及亚热带地区，我国野生的有1属（苏铁属）约10种，分布于云南、广东、福建、台湾、贵州、湖南、海南等地。

长着果包的苏铁

苏铁树干髓心含淀粉，可食用，又可作酿酒的原料，能提高出酒率；叶为羽毛状，向四周伸展，如孔雀开屏，极富观赏性，西双版纳有的少数民族采其嫩叶作蔬菜；种子大小如鸽卵，略呈扁圆形，金黄色，有光泽，少则几十粒，多则上百粒，圆环形簇生于树顶，十分美观，有人称之为“孔雀抱蛋”。在贵州，有的农民将其剥皮后与猪脚一同炖吃。

资格最老的树木

银杏树的寿命，远不及非洲的龙血树，也比不上美洲的巨杉。但是，它却是现在生存树木中辈分最大、资格最老的老前辈。它在两亿年前的中生代就出现在地球上了。其它树木（种子植物）都比它晚。

银杏，别名白果、公孙树、鸭脚树、蒲扇，属裸子植物。银杏为落叶乔木，5月开花，10月成熟，果实为橙黄色的种实核果。银杏是一种孑遗植物。和它同门的所有其他植物都已灭绝。银杏是现存种子植物中最古老的孑遗植物。变种及品种有：黄叶银杏、塔状银杏、裂银杏、垂枝银杏、斑叶银杏。银杏生长较慢，寿命极长，从栽种到结果要20多年，40年后才能大量结果，寿命达到千余岁，现存3500余年大树仍枝叶繁茂果实累累，是树中的老寿星。在山东日照浮来山的定林寺内有一棵大银杏树，相传是商代种植的，距今已有3500多年历史了。

银杏最早出现于3.45亿年前的石炭纪。曾广泛分布于北半球的欧、亚、美洲，中生代侏罗纪银杏曾广泛分布于北半球，白垩纪晚期开始衰退。至50万年前，发生了第四纪冰川运动，地球突然变冷，绝大多数银杏类植物濒于绝种，在欧洲、北美和亚洲绝大部分地区灭绝，只有中国自然条件优越，才奇迹般的保存下来。所以，被科学家称为“活化石”、“植物界的熊猫”。野生状态的银杏残存于中国江苏徐州北部（邳州市）山东南部临沂（郯城县）地区浙江西部山区。浙江天目山，湖北省安陆市、大别山、神农架等地都有野生、半野生状态的银杏群落。由于个体稀少，雌雄异株，如不严格保护和促进天然更新，残存林将被取代。银杏分布大都属于人工栽培区域，主要大量栽培于中国、法国和美国南卡罗莱纳州。毫无疑问，国外的银杏都是直接或间接从中国传入的。

银 杏

银杏是一种有特殊风格的树，叶子碧绿，像把折纸扇。它的枝叶含有抗虫毒素，能防虫蛀。银杏的种子，成熟时外种皮橙黄色，像杏子，所以叫银杏。它的中种皮色白而硬，也叫它白果。银杏的种仁是味道香美的干果，但多吃容易中毒。另外，种仁还可以药用，治痰喘咳嗽。现在，江苏的泰兴、泰州和苏州的洞庭山，浙江的诸暨，安徽的徽州等地方，出产的白果最有名。

引种最广的树木

水杉是古老稀有的珍贵树种，过去大家都认为在世界上早已绝迹了，可是，它却一直被我国湖北、四川等交界处的劳动人民在600平方千米的范围内栽培着、繁殖着。直到20世纪40年代，由我国科学家发现后，才把水杉的大名公布于世，轰动了世界的植物学界，大家称颂它是“活化石”。

水　杉

世界上珍稀的孑遗植物。现中国也建了最大的人工培育水杉基地，大丰水杉基地。在中生代白垩纪，地球上已出现水杉类植物。约发展在250万年前的冰期以后，这类植物几乎全部绝迹，仅存水杉一种。在欧洲、北美、和东亚，从晚白垩至新世的地层中均发现过水杉化石。1948年，中国的植物学家在湖北、四川交界的利川市谋道溪(磨刀溪)发现了幸存的水杉巨树，树龄400余年。后在湖北利川市水杉坝与小河发现了残存的水杉林，胸径在20厘米以上的有5000多株，还在沟谷与农田里找到了数量较多的树干和伐兜。随后，又相继在四川石柱县冷水与湖南龙山县珞塔、塔泥湖发现了200~300年以上的大树。

水杉适应性很强，生长迅速，树干笔直圆满，木材质地也较好，是建筑、家具、农具的好材料。树形优美，已成为著名的绿化树种。

世界上有很多国家向中国引进水杉种苗，水杉在国外已栽遍亚、非、欧、美等洲50多个国家和地区。它能忍受摄氏零下30°的低温，也不怕热带地区的高温。所以它是世界上引种最广泛的树种。

另外，水杉树干通直挺拔，高大秀颀，叶色翠绿，入秋后叶色金黄，是著名的庭院观赏树。水杉可于公园、庭院、草坪、绿地中孤植，列植或群植；也可成片栽植营造风景林，并适配常绿地被植物；还可栽于建筑物前或用作行道树，效果均佳。水杉对二氧化硫有一定的抵抗能力，是工矿区绿化的优良树种。

世界最珍稀植物之崖柏

崖柏原产北美和东亚，可供观赏及生产用材和树脂。与罗汉柏近缘。崖柏为乔木或灌木，常成金字塔状，具薄的鳞片状外树皮和纤维状内树皮，水平或上升分枝，形成特有的扁平、浪花状小枝系，每小枝有4行细小的鳞片状叶。幼叶较长呈针状，在某些种可与成熟叶并存。雌雄同株异枝，毬花著生于枝端，雄毬花圆形，淡红或淡黄色；雌毬花很小，绿色或带紫色。

侧柏（即东方崖柏或中国崖柏）原产亚洲，为受欢迎的观赏树种，具优美对称的树冠，高约10米。因为它具直立的枝条、垂直排列的扇状小枝系和具6~8顶端钩状的毬果鳞片而被一些专家画归侧柏属。崖柏属的其他亚洲种还有日本鲜崖柏、朝鲜崖柏等。崖柏木材淡黄色或淡红棕色，质地轻软而耐用，芳香且易加工；巨柏是最重要的用材树种；金钟柏的木材亦常用。

现存的崖柏

侧柏高5~6米，树皮灰褐或褐色，长条薄片状开裂。枝密集、开展，小枝扁平、多排列成平面。叶除幼苗期针形、刺形外，全为鳞形，长1.5~3毫米，交互对生。雌雄同株，花单性，单生小枝顶端。球果椭圆形至卵圆形，长6~6.5毫米，当年成熟。种子扁平，两侧具薄翅。本种与朝鲜崖柏的区别在于鳞叶枝的下面无白粉，中央的鳞叶无腺点。生长习性：阳性树，稍耐阴，耐瘠薄干燥土壤，忌积水，喜空气湿润和钙质土壤。

崖柏生长于海拔700~2100米土层浅薄、岩石地带的针阔叶林内，是恐龙时代白垩纪的孑遗植物，是世界上极其罕见的“活化石”物种，被植物学家称为世界上最珍稀的裸子植物。

崖柏是我国特有的“国宝”植物，人们曾一度以为它从地球上消失了，把它从“国家重点保护植物”名录中抹去。2001 年在四川深山里发现有一株被大水冲下来的死崖柏。有人把这株崖柏捡回家去，请来植物专家悉心照料，没想到它竟然奇迹般地“复活”了，成为罕见的在人工照料下成活生长的崖柏，非常稀奇。

世界最珍稀植物之冷杉

百山祖冷杉是近年来在我国东部中亚热带首次发现的冷杉属植物。由于当地人民有烧垦的习惯，自然植被多被烧毁，分布范围狭窄。加以本种开花结实的周期长，天然更新能力弱。目前在自然分布仅存林木极少。

百山祖冷杉

百山祖冷杉产地位于东部亚热带高山地区，气候特点是温度低，湿度大，降水多，云雾重。年平均温度8℃～9℃，极端最低－15℃；年降水量达2300毫米，相对湿度92%。成土母质多为凝灰岩、流纹岩之风化物，土壤为黄棕壤，呈酸性，pH 值为4.5，有机质含量3.5%。自然植被为落叶阔叶林，伴生植物主要有亮叶水青冈，林下木为百山祖玉山竹和华赤竹。本种幼树极耐阴，但生长不良。大树枝条常向光面屈曲。结实周期4～5年，多数 种字发育不良，5月开花，11月球果成熟。

1976 年发现的百山祖冷杉，是我国浙江省百山祖自然保护区的特有植物，在号称浙江第二高峰百山祖主峰西南侧1700 米以上山谷沟旁的亮叶水青风林中，目前这种冷杉自然生长的仅有四株树。由于种种原因，这种冷杉自然有性繁殖十分困难，常规人工无性繁殖也困难，濒临物种灭绝境地。为了引起人们的重视，1987 年 2 月，国际物种保护委员会（SSC）将百山祖冷杉公布列为世界最濒危的 12 种植物之一。

百山祖冷杉是我国特有的古老残遗植物，是苏、浙、皖、闽等省唯一生存至今的冷杉属中的珍稀物种，对研究植物区系和气候变迁等方面有较重要的学术意义。冷杉是裸子植物中的一个小家族，但家族成员也不少，仅中国就有 20 多种，其中 7 种被列为国家保护植物。

冷杉家族成员的形态结构大致相仿，都属于较高大的常绿乔木，叶子细长狭小，数量极多。百山祖冷杉是中国东部发现的冷杉属植物。它身高 17 米，树皮灰黄，小枝条一左一右对称而生，叶子在小枝条上呈螺旋状排列。这是冷杉家族中最珍贵的种类，已被列为国家一级保护植物。

世界最珍稀植物之银杉

银杉，继 20 世纪 40 年代初期我国植物学家发现活化石水杉之后，于 1956 年发现和命名的另一种活化石。它分布在我国广西龙胜花坪林区和四川南川县金佛山两地。在植物分类系统上，属于松科银杉属。本属只此一种，仅为我国独有，所以是银杉属中最珍稀的品种。

早在第三纪，银杉和水杉一样，曾广泛地分布在整个北半球。但是，到了距今大约 100 万年前的第四纪。地球发生了巨大的变化，大陆冰川几乎覆盖了整个北半球，以至使第三纪遗留下来的动、植物遭到浩劫，许多哺乳动物和大乔木相继死亡，银杉在大部分地区也几乎绝了迹。然而，地处低纬度的我国西南部，由于地形复杂，群山林立，巍峨的大山挡住了冰川的袭击；再加上河谷地区受暖湿的季风影响，限制了冰川的活动，因而冰川前面第三纪的很多古老植物在这里保存下来，继续繁衍，银杉就是其中的一员。因此。银杉的发现对于研究高等植物的进化理论，以及古生物、古气候、古地理、古地质等方面，都具有重要的价值，因而它获得了“植物中的大熊猫”的美称。

银杉喜欢生长在向阳、温暖、多雾的气候和石灰岩发育的山地黄壤上。它的树干挺直，树冠塔形，分枝平展。那暗绿中加杂银灰色的树梢，总是高出于同生的其他树种。它的材质坚硬，纹理细致，但生长比较缓慢。据实地调查一棵高 15.6 米、胸径为 22 厘米的植株，树龄竟高达 125 年。

银　杉

银杉自发现以来。受到国内外的极为重视。有的国家甚至愿付高价买银杉的树苗。为了保护“植物中的大熊猫”，四川省已将金佛山划为以保护银杉为主的自然保护区。林业部门对已发现的银杉，逐一进行编号挂牌管理。有关科研部门开展了多方面的人工繁殖的研究工作，并取得了可喜的成果。

世界最珍稀植物之秃杉

秃杉是世界稀有的珍贵树种，只生长在缅甸以及我国台湾、湖北、贵州和云南，为我国的一类保护植物。最早是 1904 年在台湾中部中央山脉乌松坑海拔 2000 米处被发现的。因而，它的英文名字为“Taiwania”，即台湾的意思。

秃杉为常绿大乔木，大枝平展，小枝细长而下垂。高可达 60 米，直径 2～3 米，它生长缓慢，直至 40 米高时才生枝。枝密生，树冠小，树皮呈纤维质，叶在枝上的排列呈螺旋状。奇怪的是，其幼树和老树上的叶形有所不同。幼树上的叶尖锐，为铲状钻形，大而扁平，老树上的叶呈鳞状钻形，从横切面上来看，则呈三角形或四棱形，上面有气孔线。秃杉是雌雄同株的植物，花呈球形。其雄球花5～7个着生在枝的顶端。雌球花比雄球花小，也着生在枝的顶端。长成的球果是椭圆形的，没有鳞片，苞片倒圆锥形至菱形。其种子只有5毫米左右，带有狭窄的翅。

秃 杉

秃杉生长在台湾中央山脉海拔1800～2600米的地方，散生于台湾扁柏及红桧林中，在云南西北部和湖北利川、恩施两县交界处也有发现。其树的顶端稍弯，小花蕊多至30个以上，种鳞多达36个。贵州省也发现了不少秃杉。它们多集中分布在苗岭山脉主峰雷公山一带的雷山、台江、剑河等县。在成片的秃杉林中，有不少是百年以上的参天古树，高达三四十米。

秃杉在台湾是重要的用材树种。它的树干挺直，木质软硬适度、纹理细致，心材紫红褐色，边材深黄褐色带红，且易于加工，是建筑、桥梁和制造家具的好材料。此外，它还是营造用材林、风景林、水源林、行道树的良好树种。

秃杉生长期长，需几十年方能结果，再加上树身高大，采种困难，影响繁殖推广。为了解决这个树种的扩大造林用种问题，贵州有关市门采取选择优良的林木建立母树林，成为采种的基地。另一方面选学已结籽的优树，将优树的枝条嫁接至砧木上，建立种子园。这样经过选优嫁接，人工培育的种子园，结籽时间早，采种方便，种子的品质也得到一定的提高。选用这种种籽育苗造林，可以促进速生丰产。

秃杉属于杉科台湾杉属。它只有一个“孪生兄弟”——台湾杉，由于它们长像相似，又分布在同一地区，因此，一般通称它们为台湾杉。但它们也还是有区别的，秃杉的叶较台湾杉的叶窄，球果的种鳞比台湾杉多一些。它们虽说都是珍稀树种，但比较起来，秃杉的数量更少，因此，秃杉被列为国家一类保护植物，台湾杉屈居于第二类。

最古老的铁坚杉

铁坚杉是一种古老的孑遗植物，为我国特产。在湖北神农架林区发现了一棵硕大的铁坚杉，被俗称“千年杉王”。“千年杉王”栽于唐朝初年，据今已有1000多年历史。树高48米，胸径2.45米，树冠覆盖面积达450多平方米，6人合抱，还围不过来。其主干坚似青铜，叩之铮铮有声，凝着岁月的风霜。杜甫名句：“苍皮溜雨四十周，黛色参天二千尺”恰是它最好的写照。

“千年杉王”身上累累的伤痕，可以看出它历经了人间霜雪风雨，刀火雷电。据传在很古的时候，有一个山霸康员外，听信了风水先生的话，说这古杉乃采天地之灵气、吸日月之精华长成，用它做棺木，便可骨肉不朽、栩栩如生。后来，康员外便企图独霸此树做棺木。当地群众知道后，奋起保护，才保住了此树。

“千年杉王”

古人为纪念神农，求福免灾。在古杉的基部雷伤处，略加修凿，成为树穴，供奉泥塑金像。一时间，香火鼎盛，人来人往，络绎不绝。随着时间的流逝“千年杉王”伤口愈合，人们惊奇地发现，神农塑像竟被大树裹在

裸子植物类

肚子里了。这株千年古杉，虽屡遭劫难却依然保持勃勃的生机。

铁坚杉性喜温暖、阳光。多生长在砂岩，页岩或灰岩的山地，在南方的红壤上，头3年，生长较为缓慢，之后便渐次加快。在适宜的环境下，每年胸径可增加1厘米，30年后可成栋梁之材。铁坚杉喜欢热闹，不堪孤独，常与阔叶树混交成林，蔚为壮观。

铁坚杉属松科，油杉属，在油杉这个家庭里，共有11名成员，均产于东南亚地区，除越南产2种之外，其余9种均为我国特产，所以我国是油杉种类最多的国家，可说是油杉的王国。油杉主要生长在我国的秦岭——长江以南、雅砻江以东以及台湾、海南岛等地的温暖山区，海拔600~1700米的地带。

油杉属植物的木质十分细致，坚实而耐用，硬度适中，含有少量树脂，干后不开裂，耐水湿，抗腐蚀性能较强，供建筑、制家具及工业原料之用。油杉的树冠在少壮时呈塔形，至老年则呈半球形，其枝条开展，叶色常青，树形美观壮丽，因此，可作为山地风景区风景林的营造树种以及公园、庭院的观赏树木。

最大的杉木树

杉又叫杉木，是我国特有的用材树种。它生长快，材质好，用途广，产量高，是人们喜爱的造林树。

杉木常绿乔木，树高可达30~40米，胸径可达2~3米。从幼苗到大树单轴分枝，主干通直圆满。侧枝轮生，向外横展，幼树冠尖塔形，大树树冠圆锥形。叶螺旋状互生，侧枝叶基部扭成2列，线状披针形，先端尖而稍硬，长3~6厘米，边缘有细齿，上面中脉两侧的气孔线较下面的为少。雄球花簇生枝顶；雌球花单生，或2~3朵簇生枝顶，卵圆形，苞鳞与珠鳞结合而生，苞鳞大，珠鳞先端3裂，腹面具3胚珠。球果近球形或圆卵形，长2.5~5厘米，径3~5厘米，苞鳞大，革质，扁平，三角状宽卵形，先端尖，边缘有细齿；种鳞形小，较种子短，生于苞鳞腹面下部，每种鳞具3枚扁平种子；种子扁平，长6～8毫米，褐色，两侧有窄翅，子叶2枚。

浙江省庆元的莲花山发现一株大杉木，相传是明朝弘治年间种植的，树龄有490多年。树高35米，有10层楼房那么高。树干圆周有5.51米，三个人手拉手才能围一圈。一株树的木材有37立方米，可做双人课桌1360张，当地人们称它为“杉木王”。

“杉木王”

其实，真正的“杉木王”还不是它，而是生长在台湾的一棵大杉树。这棵大杉树在台湾中部海拔1000多米的高山上。它的树干6个人手拉手还抱不过来。在杉木中，它算是世界最大的了。

最大的红桧树

在我国台湾省阿里山，有两株参天的红桧，其中有一株大树，高达58米，胸径6.5米，材积504立方米，如果用这棵树的木材做双人凳，可做35000多条，可供7万人坐着开会，树龄约3000年，被称为“神木”。是我国最大的红桧，也是世界上最大的树木之一。

红桧是常绿大乔木，树枝平展，叶枝扁平，是我国台湾特有的树种，组成大面积单纯林。由于红桧长得特别大，所以有“亚洲树王”的称号。

其木材红褐色，细致，坚韧，耐用，是建筑、桥梁、枕木、家具的好材料。

阿里山的红桧

阿里山的红桧红桧主要分布于针叶林内，喜温和湿润的气候。分布区年平均温10.6℃，1月平均温5.8℃，7月平均温14.1℃，年降水量4165毫米，相对湿度85%。土壤为发育良好的灰棕壤或灰壤，成土母质为灰色砂岩，土壤中盐基的生物循环较强，表土疏松，团粒结构，酸性反应，pH值为5.5~6。红桧一般多在10~20度的东南坡，风力微弱地带，或受山岭包围的溪谷。常与台湾扁柏混生，或形成树林。为喜阳树种，根系发达，天然更新良好，幼树需要一定的光度，生长较快。

红桧是裸子植物中属于柏科扁柏属的一种植物。它的枝叶，有点像我们常见到的扁柏。台湾省阿里山那可最大的红桧树是仅次于美国加州“世界爷”——巨杉的又一种大树。更为有趣的是，在台中苗栗春安乡有一株称为大雪山二号“神木”，树高55米，胸围22.7米，树干中有一个大洞，洞内可放得下一顶供四人住的帐篷。人坐树洞中，四围山色郁郁葱葱，飞瀑流泉，尽收眼底，既带几分浪漫，又富有诗情画意。

飘得最高远的花粉

植物开花后，要结出果实，必须把雄蕊的花粉传给雌蕊，使雌蕊受精。美丽的鲜花可以用花蜜引诱昆虫，替它们当传送花粉的“媒人”，可是玉米、杨树、松树的花，又瘦又小，有谁来给它们当“媒人”呢？它们不能吸引昆虫，只得由风来做“媒人”了。

由风来传播的花粉，又小又多。一朵花或一个花序上的花粉粒，少则数千，多则成万甚至数十万。所以一阵风来满天飞扬，似雾一般。它们身小体轻，能够随风飘扬，飞得又高又远，近的几里，远的几十里、几百里。

松　花

花粉飞得最高、最远的纪录，是松树的花粉创造的。由于松花粉的体积很小，一般不能用肉眼观察到花粉的形态。在显微镜下观察，松花粉颗粒呈椭圆形，表面光滑，两侧各生一个发达的近半球形的气囊，其壁有明显网状纹理，气囊上有稀疏小穿孔。在高倍镜下可以看到气囊表面不平，花粉被包含在坚硬的壳壁内，壳壁十分坚硬，可以抵挡强烈的酸碱而不被破坏。它的气囊，能够帮助飞行，使它可以升高几千米，越过山岭，跨过海洋，飘出几千里之外。

降落得最快的花粉

一阵微风，就可以把许多风媒花的花粉卷扬起来。这种花粉一般可被风带到距离地表面200～500米的空中，少数也可达到2000米的高空。当风速减弱，这些随风飘荡的花粉就徐徐下降，下降的速度各种花粉是不同的。

紫杉的花粉每秒不过下降1厘米。云杉的花粉下降得比紫杉快得多，每秒下降6厘米。虽比下落的雨滴或石块慢得多，但却是各种花粉中下落得最快的花粉。

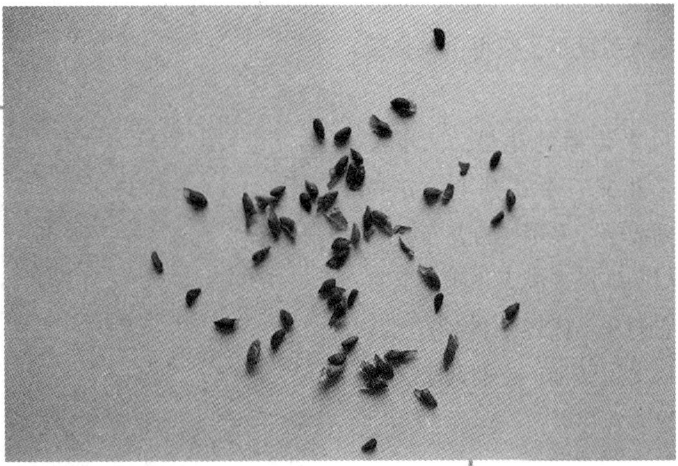

云杉花粉粒

许多云杉树的特征具有下垂的枝，整颗树层层排列。直挺的针状叶呈螺旋形围绕着茎，长度为 2 ~3 厘米。叶从椿处长出来，如果脱落，椿便会保留下来。木质球果悬吊着，卵石形成圆柱形，有向内弯曲的苞片，当球果成熟时，这些苞片会张开以让种子脱落。

云杉为高大乔木的针叶树种，高约 45 米，胸径 1 米，树冠为狭圆锥形，树皮灰色，呈鳞片状脱落，大枝平展，小枝上有毛，一年生枝黄褐色。叶四棱状条形，弯曲，呈粉状青绿色，先端尖，四面有气孔线，叶长 1 ~2 厘米，叶在枝上呈螺旋状排列。花单性，雌雄同株，5 月开花，10 月球果成熟，具有周期性结实现象，一般 4 ~5 年出现 1 次丰年，歉年的种子品质差，发芽率低。种子千粒重 3.6 ~4.6 克，每千克种子 250000 ~350000 粒，发芽率 20% ~45%。种子用麻袋普通干藏，2 ~3 年后发芽率降低 8% ~15%，低温密封干藏，5 年发芽率只降低 5%。

最不怕火烧的树木

当你走向大森林时，远远便可看到“禁止烟火”的木牌子。因为树木容易着火，星星之火，可以烧毁大片森林。但是，在我国南海一带，生长着一种叫海松的树，用它的木材做成烟斗，即使是成年累月的烟熏火烧，也烧不坏。当你用一根头发绕在烟斗柄上，用火柴去烧时，头发居然烧不断。因为海松的散热能力特别强，加上它木质坚硬，特别耐高温，所以不怕火烧。

最耐紫外线的植物

太阳光里有一种紫外线，几乎对所有生物都有影响。特别是微生物，受到一定剂量的紫外线照射，十几分钟就会被杀死。所以医院和某些工厂，常用紫外线进行灭菌。高等植物也不例外。

根据科学家的研究，如果用相当于火星表面的紫外线强度作为标准，来照射各种植物，番茄、豌豆等只要 3 ~ 4 小时就死去；黑麦、小麦、玉米等照射 60 ~ 100 小时，能杀死叶片；而南欧黑松照射 635 小时，仍旧活着。这是对紫外线忍受能力最大的植物。科学家估计，像南欧黑松这样的植物，能够在火星上生活一个季节。这一事实证明，在地球以外的行星如火星上，有生物的存在是可能的。

最凶猛的植物

世界上能吃动物的植物，约 500 多种，但绝大多数只能吃些细小的昆虫。可是生长在印度尼西亚爪哇岛上的一种树，名叫奠柏，它居然能把人吃掉，真是世界上最凶猛的树了。

奠柏树高八九米，长着很多长长的枝条，垂贴地面。有的像快断的电线，风吹摇晃，如果人不小心，触动了树，那些枝条马上就像蛇一样把人卷住，而且越卷越紧，人就脱不了身了。这时树上很快就会分泌一种液汁，人粘着了就慢慢被“消化”掉。当奠柏的枝条吸完了养料，又展开飘动，再次布下天罗地网，准备捕捉下一个牺牲者。奠柏生活在贫瘠的土壤中，长期得不到充足的养料，为了求生存，它练出了这一绝招。

当地人已掌握了它的“脾气”，只要先用鱼去喂它。等它吃饱后，懒得动了，就赶快去采集它的树汁。因为这树液是制药的宝贵原料。奠柏虽然凶猛，但终究斗不过人，最后还得乖乖的被人们利用。

另外常见的食虫植物（亦称“食肉植物”）还有：捕虫堇、狸藻、茅膏菜、瓶子草、猪笼草、毛毡苔、捕蝇草。这些植物不但依靠根系从土壤中吸取养分，叶子还能变态成捕获昆虫的器官，专捕捉昆虫补充养分。此类食肉的植物我们称为食虫植物。产于我国的食虫植物有猪笼草、毛毡苔等，多分布在亚热带地区。植物为何要捕捉昆虫？它们又是如何捕捉的？植物学家经过长期的观察研究，最终发现了食虫植物捕获昆虫的机理，揭示出食虫植物食肉的奥秘。

裸子植物最多的地区

地球上的植物界，可分为两大类群。一类叫作低等植物，包括藻类、菌类、地衣等。另一类称高等植物，包括苔藓、蕨类和种子植物。种子植物又可分为裸子植物和被子植物。（我们平常见到的松柏、杉等树木属于裸子植物。）被誉为天府之国”的我国四川省，地处亚热带，地形复杂，雨量充沛，有得天独厚的自然条件，为我国植物种类最丰富的省区之一，尤其是裸子植物，至少在80种以上。

为了保护四川省的自然资源，国家陆续建立了十几个自然保护区，其中有因保护大熊猫等珍稀动物而出名的汶川卧龙自然保护区；以保护自然风景为主的南坪县九寨海自然保护区以及保护银杉等珍稀树种的南川县金佛山自然保护区和保护亚热带森林的重庆市缙云山自然保护区等等。

四川的裸子植物多分布在西部一带，主要有鳞皮冷杉、岷江冷杉、长苞冷杉、川滇冷杉、黄果冷杉、川西云杉、紫果云杉、丽江云杉、林芝云杉等，都是西南一带特有的植物。在川西大渡河上游一带，有一个闻名的大小金川林区，那里自然环境复杂，森林资源丰富，共有林地70多万公顷，1/3的区域被茫茫林海所覆盖。其中以冷杉属和云杉属为主的针叶林约占森林蓄积量的90%以上。裸子植物主要分布在2000米以上的高山上。在3000～4000米的范围内，主要生长着云杉林和冷杉林。此外，还有红杉、高山栎、红桦以及箭竹、花楸、忍冬、蔷薇等灌木。在2400～3000米的地带为针阔叶混交林，其中裸子植物主要有铁杉、高山松、华山松，也有少数冷杉、粗叶云杉及青杆等。阔叶树木有山杨、檀子树、辽东栎、椴、槭，白蜡等。除了大小金川林区之外，金沙江、雅砻江、岷江的上游山地也是四川的主要林区，冷杉和云杉仍然是主要树种。冷杉和云杉类树种生长迅速，树干高大通直，不仅适宜引种在庭园作为绿化观赏树木，而且木材质地轻细，纹理通直，可供制板材，用于建筑、航空、乐器制造，同时又是优良的造纸原料。

四川是我国植物资源的宝库，尤其是药用植物共有3000余种，生药产量占全国总产量的1/3。川贝母、川黄连、川芎、大黄、秦艽、天麻、半夏、冬虫夏草、附子、白芷等草药名扬海内外。四川的特有植物约400种以上，像古老的孑遗植物银杉、银杏、珙桐、桫椤、连香树、香果树、杜仲等都是国家重点保护的珍稀植物。此外、油料、纤维、芳香、牧草、花果等类植物，都在我国国民经济中占有重要地位。

铁树种类最多的国家

铁树是一种常绿的观赏树木，学名称作苏铁，因其叶翠绿而拱散，像一片片长条的羽毛，因此又称为“凤尾蕉”、“凤尾松”。铁树属于裸子植物中的苏铁科、苏铁属，是一种极其古老的植物。大约在1亿年以前，它就已经生活在当今的地球上，后来，由于大自然的巨变，它的同伙渐渐绝灭，只有少数种类幸存下来。天然生长的铁树已为数不多，只在亚洲、大洋洲，非洲及我国南方一些局部地区可以看到它的踪影。当今世界上的铁树类植物大约有 17 种，我国占 11 种，是世界上铁树种类最多的国家。主要分布在福建、广东、台湾、湖南、四川等省。

苏 铁

在四川省渡口市附近，曾发现过一片罕见的铁树林，其面积约有 6 平方千米，共 5 万余株，是我国目前发现最大的铁树林。

人们常用“铁树开花”来比喻事情难办，说铁树开花是罕见的奇观。其实并非如此，在我国南方，有不少铁树年年开花。在四川省广安县城内原杨森的别墅“涵虚山庄”内的一棵百年铁树，从 1977 年以来，连续三年在夏季开花，引起人们极大的兴趣。四川渡口的那片铁树林，也有不少植株年年开花，堪称奇观。在北方，很难遇到铁树开花的情况。这是因为铁树的老家在热带，它最怕冷，因此北方长的铁树又矮又小，往往终生不开花。一旦偶尔有几棵开了花，老百姓便奔走相告，奉若“神明”记得过去有一年，北方某城市的一棵铁树开了花，被作为巡回展览，跋涉数省，好多人老远前去观看，轰动一时。

罕见的天然竹柏林

竹柏，起源距今约 1 亿 5500 万年前的中生代白垩纪，为古老的裸子植物，被人们称为“活化石”，是珍贵稀有濒危树种。

竹柏树形秀美，叶形奇特，枝叶苍翠，四季长青，既是名贵的庭园观赏树种，又是一种极其古老的裸子植物。它属于罗汉松科，罗汉松属，和我国特有的名贵树种罗汉松是孪生兄弟。罗汉松在种子下面有一个很大的红色种托，仿佛是罗汉披着袈裟，因而出名。竹柏虽有种托，但不大，叶子也不像罗汉松那样具有明显的中脉，这是它们之间最容易区别之处。

竹柏是一种亚热带的乔木，高可达20余米，胸径80厘米，树干修直，枝条开展，树冠呈广圆锥形；树皮平滑而带褐紫色，老年之后呈片状脱落；其叶深绿色，质硬而有光泽，犹如皮革一般，无论形状、大小都极像竹叶。宋祁《竹柏赞》记载说“叶与竹类，致理如柏，以状得名。”其种子是球形的，直径约有1.4厘米，成熟之后为紫黑色，外被白粉。它虽为裸子植物，但却有阔叶树的风姿，因而深受人们的喜爱。

竹柏分布在我国广东、广西、四川、湖南、浙江、福建、江西、台湾等地。它喜欢温热湿润的气候及深厚的沙质土壤，常常和阔叶树木结伴同居。在广东省龙门县南昆山有几片天然竹柏林，它们有的是单纯的竹柏林，有的和其它树木混生在一起，这些天然竹柏林在整个亚热带地区都是极其罕见的。林内树木挺拔，枝密叶稠，有“竹柏凉园”之称。

竹柏可选作庭园、风景区的观赏树木，它既可以成片栽植，又适于与其它落叶树种混交成林。竹柏有好几个观赏品种，各有风致。如叶圆如团扇的圆叶竹柏；叶细而呈灌木状的细叶竹柏；叶面镶白斑的薄雪竹柏以及叶面有黄色条纹的黄纹竹柏等，均为园林中之佳品。竹柏木材质地轻软，不挠不裂，为建筑良材，同时，也可供雕刻、制家具等用。竹柏还是著名的木本油料树种。其种子含油量达30%～40%。榨出的油既可供食用，又可作工业用油。

单子叶植物类

种子最小的植物

最小的种子是一种陆生的兰科植物的种子，这种植物的名字叫斑叶兰，植株矮小，具短的根状茎，9月开花，花白色，小而芳香。它的种子没有胚乳，种子数量很多，但非常细小，小得像灰尘一样，每粒种子只有200万分之一克重。因此，用这些种子来繁衍后代，几乎是不可能的。它一般用无性的分枝法来繁殖。

斑叶兰

斑叶兰植株高15～35厘米。根状茎伸长，茎状，匍匐，具节。茎直立，绿色，具4～6枚叶。叶片卵形或卵状披针形，长3～8厘米，宽0.8～2.5厘米，表面绿色，具白色不规则的点状斑纹，背面淡绿色，先端急尖，基部近圆形或宽楔形，具柄，叶柄长4～10毫米，基部扩大成抱茎的鞘。花茎直立，长10～28厘米，被长柔毛，具3～5枚鞘状苞片；花苞片披针形，长约12毫米，宽4毫米，背面被短柔毛；子房圆柱形，连花梗长8～10毫米，被长柔毛；花较小，白色或带粉红色，半张开；萼片背面被柔毛，具1脉，中萼片狭椭圆状披针形，长7～10毫米，宽3～3.5毫米，舟状，先端急尖，与花瓣粘合呈兜状；侧萼片卵状披针形，长7～9毫米，宽3.5～4毫米，先端急尖；花瓣菱状倒披针形，无毛，长7～10毫米，宽2.5～3毫米，先端钝或稍尖，具1脉；唇瓣卵形，长6～8.5毫米，基部凹陷呈囊状，宽3～4毫米，内面具多数腺毛，前部舌状，略向下弯；蕊柱短，长3毫米；花药卵形，渐尖；花粉团长约3毫米；蕊喙直立，长2～3毫米，叉状2裂；柱头1个，位于蕊喙之下。花期8～10月。

斑叶兰全草入药，能清肺止咳、解毒消肿、止痛，治肺结核咳嗽、支气管炎；外用治毒蛇咬伤、病疖疮疡。

自从1960年摩瑞尔首先成功地用植物组织培养的方法进行试管繁殖，到目前已发展到大约有35个属150多种的兰科植物，可用组织培养的方法来大量繁殖，使兰花生产达到了工厂化。“试管”兰花也已商品化。

种子最大的植物

棕榈科复椰子属里有一种植物，名叫复椰子树。

复椰子树又称双椰子、臀型椰子、海椰子、大实榈、巨籽棕，原产非洲塞舌尔共和国的普拉斯林和克瑞孜岛。树高15～30米。树干笔直，直径约30厘米，叶呈大扇形，长7米，宽2米，雌雄异株，其果实里的种子，形似两个椰子合起来的模样。中间有个沟，长约50厘米，重量有15000克。

复椰子是棕榈科复椰子属的植物，生长非常缓慢，新叶的生长每年只抽一叶，长25～40年后才能开花、结果，复椰子的雌花从授粉到果实成熟需要10～13年之久，种子发芽期也需3年，而且要求烈日照晒。全世界每年收获的成熟种子合计约1200颗，十分珍稀。复椰子的果实也像椰子一样，外果皮是由海绵状纤维组成的，去了这层纤维，就出现有硬壳的内核，就是所称的种子。由于复椰子熟后掉进海里，水手和海边的人们拾到，以为是海里长的或漂流的（还有各种各样大大小小的漂流果实），便称为海椰子。也有的水手给它起了一个比较性感的名字，叫臀型椰子。

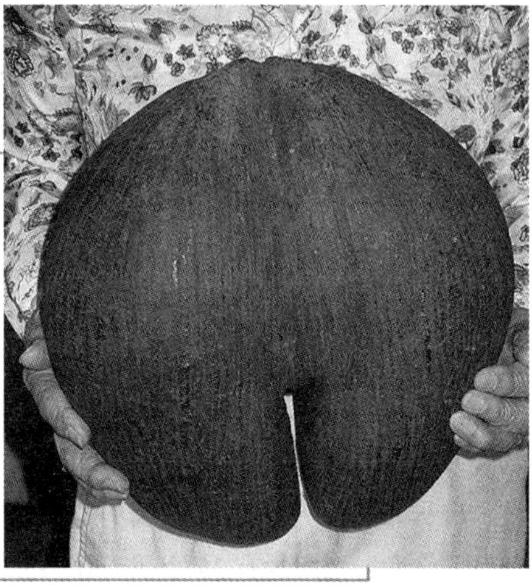
复椰子树种子

复椰子的种子形状很奇特。花的形状也很奇特，雄花像男性的生殖器，足有80厘米长。塞舌尔人将复椰子誉为“爱情之果”，认为它是伊甸园的神秘植物，并用其雄花和果实挂在洗手间门口以区分男女。复椰子树有雌雄之分，常常并行生长，如果其中一株被砍，另一株就会“殉情而死”。

复椰子树的种子可以在海上漂浮，直到印度、斯里兰卡、苏门达腊、爪哇、马来西亚、桑结巴尔沿海等地，尤其马尔代夫群岛最多，故又名马尔代夫椰子。另外，复椰子还有止咳、清肺的作用，是非洲塞舌尔国的国宝。因产量非常有限，该国已不再出口。

花序最大的植物

许多花簇生在共同的花轴上，并排有一定的序列，叫花序。比如，常见的菊花，花轴短缩肥厚，顶端平展或凸出、凹陷，上面聚生很多无梗的花，像只花篮，称为篮状花序。向日葵的花序也是篮状花序。胡萝卜花序像个大伞，上面生有许多小伞，所以叫复伞形花序。菊花和胡萝卜的花序都比较小，向日葵的花序比较大，但若与泰坦魔芋花序相比，那又小得多了。

泰坦魔芋的花序，是世界上草本植物中最大的花序。1878年，意大利人贝卡里，在苏门答腊热带密林中，发现泰坦魔芋的花序，高近3米，宽1.5米。它的外形像巨型的蜡烛台，佛焰包外面绿色，里面红色，花穗苍绿色，壮丽多姿。花序刚生出时，一天能长几寸。它开花时，不像一般的花放出沁人心肺的香气，而是发出令人作呕的臭气。可是苍蝇和甲虫一闻到泰坦魔芋的臭味，就马上飞进了花室，落在硬毛圈里乱爬起来，一会儿靠着雄的花药爬一阵，一会儿靠着雌蕊爬一阵，无形之中起到媒介作用。

泰坦魔芋开花时间很短，只经一天的时间就凋谢了。它是一种很古怪的植物，喜欢生活在密林中潮湿低洼的地带。一旦开花，人们很容易发现它，不仅是因它的花序大而引人注目，还因为它有一股令人恶心的臭味，人们在远处就可闻到。它的地下块茎很大，直径有半米，而且营养丰富。

泰坦魔芋

魔芋中的可溶纤维素有促进胃肠蠕动及润肠通便功能，能把肠道中的有毒物质迅速排出体外，从而有效地防止便秘，并对结肠癌、痔疮、静脉瘤有辅助治疗作用。此外，它还有减少体内胆固醇积累的作用，对防治高血压、动脉硬化有重要意义。魔芋还是独特的食品添加剂，如将少量魔芋粉添加在食品中，既能增加营养，又能改善食品品质。

泰坦魔芋的祖先“尸香魔芋”，早已灭绝千年之久，这种魔鬼之花，用它妖艳的颜色，诡异的清香，制造出一个又一个由幻相所组成的陷阱，引诱着人们走向死亡，传说中“尸香魔芋花”就是守护索罗门王宝藏的恶鬼。

在木本植物中，最大的花序，要算是棕榈科的巨掌棕榈。它原产印度，属于棕榈科。在热带地区，它比其他棕榈科的植物生长缓慢，需要 30 ~ 40 年的时间，才能长到 20 米的高度。这时，在它的顶端开出十分庞大的圆锥花序。花序高达 14 米，宽约 12 米，真可谓硕大无比，举世无双了。这么大的巨型花序，是由 10 万多朵鲜花组成的。可惜的是，花开之后不多久，巨掌棕榈就向大自然告别而死去。

开花最晚的植物

沙漠中的短命菊，出苗以后几个星期就开花结果，完成了生命周期。大多数草本植物，出苗后在当年开花或隔年开花，如水稻、玉米、棉花是当年开花，小麦、油菜是隔年开花。

一般木本植物开花比较晚：桃树 3 年，梨树 4 年，银杏出苗后要经过 20 多年才开花，所以有“公公种树，孙子收实”的说法。毛竹要经 50～60 年后才开花，它一生只开一次花，花开完后就逐渐死亡。

但这些都不是开花最晚的植物，世界上开花最晚的植物是拉蒙弟凤梨。拉蒙弟凤梨的出产地是南美洲国家玻利维亚，它要 150 年后才能开出花序，花序呈圆锥形。拉蒙弟凤梨一生只开 1 次花，开花后也就意味着它不久就会枯萎、死亡。

凤梨为多年生常绿植物。叶丛生，呈莲座状，剑形，上面微凹，边缘具细刺，灰绿色。花序顶生，苞叶绿色，花蓝紫色。果肉质，香甜可口，是著名的水果。

其园艺观赏品种有艳凤梨，又称斑叶凤梨、彩纹凤梨、金边凤梨，是食用凤梨，艳凤梨有叶 30～50 片，长约 50 厘米，宽约 3 厘米。叶正面绿色，背面灰绿色，边缘具乳黄色及淡红色条纹，花序卵圆形，即带红色果实——菠萝。

艳凤梨

花粉最小的植物

微观世界与宏观世界一样，也是十分丰富多样的。种子植物的繁殖器官——花粉，就是微观世界的一个大家族。在显微镜下它们形状各异、千态百姿。如果你度量一下它们“身材”的大小，你又会惊叹不已。

除了极少数“大个儿”之外，一般只有 10～50 微米。如水晶兰呈扁球形，有点像桔子，它的直径只有 26 微米。单侧花的花粉粒有点象橄榄，它的直径只有 18 微米左右。开蓝色小花的观赏植物勿忘草，它的花粉粒只有 4.5 微米，要在高倍显微镜下才能看见。把它放大 300 倍，也只有芝麻般大小。它的外形似长圆形，但是中间略细，有些像肾脏。直到现在，还没有发现比它更小的花粉。

勿忘草

勿忘草，又称勿忘我。紫草科多年生草本原产欧亚大陆。叶互生，基生叶和茎下部叶有柄，上部叶无柄，狭长披针形或倒披针形。总状花序，无苞片，花冠蓝色，5裂，旋转状排列；花期春夏。分布于亚洲温带及欧洲，喜阳，能耐阴，易自播繁殖。

勿忘我花小巧秀丽，蓝色花朵中央有一圈黄色心蕊，色彩搭配和谐醒目，尤其是卷伞花序随着花朵的开放逐渐伸长，半含半露，惹人喜爱，令人难忘。中国北部及东北有野生。用播种、分株或扦插法繁殖。要求土壤疏松、湿润和富含有机质。雨季注意排水。勿忘草花小素雅，生长快，春天播种可夏秋开花。有白花变种和红花变种。园林中可供花坛、花境、林缘、岩石园等处种植，亦可盆栽或作切花。

“勿忘我”这个名字源于德文“Vergissmeinnicht”，来自一个悲剧性的恋爱故事。相传一位德国骑士跟他的恋人散步在多瑙河畔，途中看见河畔绽放着蓝色花朵的小花。骑士不顾生命危险探身摘花，不料却失足掉入急流中。自知无法获救的骑士说了一句“别忘记我!”，便把那朵蓝色透明的花朵扔向恋人，随即消失在水中。此后骑士的恋人日夜将蓝色小花配戴在发际，以显示对爱人的不忘与忠贞。而那朵蓝色透明花朵，便因此被称作“勿忘我”，其花语便是“不要忘记我”、“真实的爱”、“真爱”。

花粉最大的植物

如果你的眼力很好，又有适当的背景衬托，用肉眼就能够见到单粒西葫芦花粉，因为西葫芦花粉直径有 200 微米。它是花粉中最大的一员。可是，你要看清它的“庐山真面目”，也非得借助显微镜不可。

西葫芦为一年生草质藤本（蔓生），有矮生、半蔓生、蔓生三大品系。多数品种主蔓优势明显，侧蔓少而弱。主蔓长度：矮生品种节间短，蔓长通常在 50 厘米以下，在日光温室中有时可达 1 米（因生长期长）；半蔓生品种一般 80 厘米；蔓生品种一般长达数米。具叶卷须，属攀援藤本，但常匍匐生长（矮生品种有的直立）。

西葫芦

西葫芦花单性，雌雄同株。花单生于叶腋，鲜黄或橙黄色。雄花花冠钟形，花萼基部形成花被筒，花粉粒大而重，具粘性，风不能吹走，只能靠昆虫授粉。雌花子房下位，具雄蕊但退化，有一环状蜜腺。单性结实率低，冬季和早春昆虫少时需人工授粉。雌雄花最初均从叶腋的花原基开始分化，按照萼片、花瓣、雄蕊、心皮的顺序从外向内依次出现。但雄花形成花蕾时心皮停止发育，雄蕊发达；雌花则在形成花蕾时雄蕊停止发育，而心皮发达，进而形成雌蕊和子房。

西葫芦含有一种干扰素的诱生剂，可刺激机体产生干扰素，提高免疫力，发挥抗病毒和肿瘤的作用。西葫芦富含水分，有润泽肌肤的作用。除此之外，西葫芦还具有清热利尿、除烦止渴、润肺止咳、消肿散结的功效；可用于辅助治疗水肿腹胀、烦渴、疮毒以及肾炎、肝硬化腹水等症。

叶子最大的植物

从池塘里摘一张荷叶盖在头上，就像一顶大草帽。荷叶可算是大叶子了。可是，比起生长在南美洲亚马孙河里的王莲叶子来，就像脚盆里面放茶碗，相差太大了。

王　莲

王莲是水生有花植物中叶片最大的植物，其初生叶呈针状，长到2～3片叶呈矛状，至4～5片叶时呈戟形，长出6～10片叶时呈椭圆形至圆形，到11片叶后叶缘上翘呈盘状，叶缘直立，叶片圆形，像圆盘浮在水面，直径可达2米以上，叶面光滑，绿色略带微红，有皱褶，背面紫红色，叶柄绿色，长2～4米，叶子背面和叶柄有许多坚硬的刺，叶脉为放射网状。每叶片可承重数十千克，二三十千克重的小孩坐在上面也不会沉没。王莲叶像只大平底锅，假如在叶面上均匀地平铺一层75千克的黄沙，这个大“平底锅”也不会往下沉。

王莲的叶子，可说是水生有花植物中最大的了。但是，它还不是世界上最大的叶子。在陆生植物中，还有比王莲更大的叶子，那是生长在智利森林里的大根乃拉草。它的一张叶片，能把三个并排骑马的人，连人带马都遮盖住。像这样的大叶子，要是学生野营的时候，有2片就可以盖一个五六人住的帐篷了。

小孩躺在王莲叶子上

叶子最长的植物

棕榈树

据科学家调查，世界上植物的叶子，没有一片是完全相同的。它们的形状各式各样，大小也千差万别。最大的一张叶子，可盖一间小房了，最小的比鱼鳞还要小。那么，它们的长度又是怎样呢？玉米的叶片，看起来是比较长的了，大约1米。南美洲的亚马孙棕榈，一张叶子连柄带叶有24.7米。热带的长叶椰子，一片叶子有27米长，竖起来有七层楼房高。这是迄今所知道的最长叶子。

棕榈树属常绿乔木。树干圆柱形，常残存有老叶柄及其下部的叶峭，叶簇竖干顶，形如扇，掌状裂深达中下部。雌雄异株，圆锥状肉穗花序腋生，花小而黄色。核果肾状球形，蓝褐色，被白粉。花期 4 ~ 5 月，而 10 ~ 11 月果熟。

最小的开花植物

世界上最小和最简单的开花植物，是和浮萍同科的，被称为微萍的那一属植物。

微浮萍约有 10 来个种，有一种微萍叫无根萍。之物体仅为一个直径约为 1 毫米的圆盘状叶状体。如果要看清它的全貌非要用显微镜不可。另一种叫斑点微萍的植物比无根萍还要小一些，长仅为 0.5 ~ 0.7 毫米。

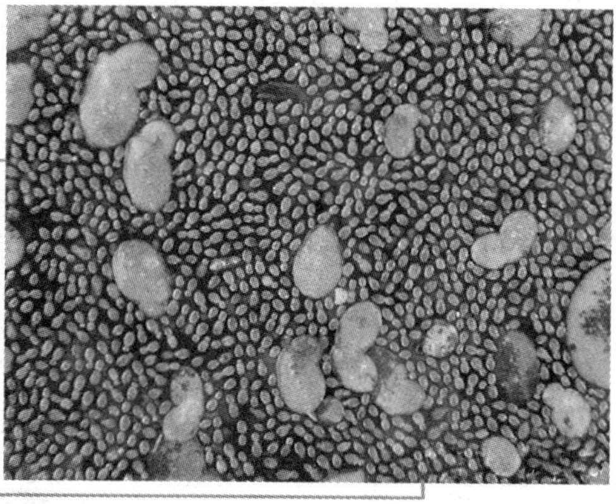

微　萍

微萍无根、无叶，整个植株就是扁平的茎，像一粒粒绿色的细砂，密盖在水面上。微萍虽小，却是“五脏”俱全。在春季、夏初时，叶状体的表面开出微小的雌花和雄花，雌雄同株。开花后又结出圆球形的小果子。微萍难得开花，花很小很小，长在植物体的表面上，样子像灯泡，外面满是细小的鳞片。整朵花比针头还小，里面却有一朵雌花和雄花两花组成，是一个完整的花序。但是，这类植物在绝大多数情况下，并不用开花结果来繁殖后代，主要靠侧面的芽囊直接无性繁殖的长出新的叶状体，像细菌那样裂殖生殖：植物体一分为二，二分为四……可以快速地生长繁殖，快者只要 30 小时就可产生子代。它们是鱼、鸭的好饲料。

微萍属植物产于热带和温带，广布世界各地，我国东南部也有。在它们生长最旺盛的时候，每平方米的水面上可以有 100 万个植物个体。

最大的草本植物

地球上已发现的植物约有 40 万种，草的种类约占 2/3。这近 30 万种植物，统称草本植物。稻、麦、青菜等都是草本植物。

草本植物体形一般都很矮小，墙隅小草长不及二寸，稻子、小麦也仅 1 米上下。但是在草本植物这个大家族里，也有身躯庞大的“金刚”，它叫旅人蕉。这尊“金刚”粗一抱，高七丈，有六七层楼高，是世界上最大的草本植物。

旅人蕉

旅人蕉为常绿乔木状多年生草本植物。株高约 10 米。干直立，不分枝。叶成两纵列排于茎顶，呈窄扇状，叶片长椭圆形。蝎尾状聚伞花序腋生，总苞船形，白色。旅人蕉高大挺拔，娉婷而立，貌似树木，实为草本，叶片硕大奇异，状如芭蕉，左右排列，对称均匀，犹如一把摊开的绿纸折扇，又像正在尽力炫耀自我的孔雀开屏，极富热带自然风光情趣。

非洲沙漠，炎热干燥，旅人蕉不仅可为人们遮挡烈日强光，而且是天然的饮水站。旅人蕉的每个叶柄底部都有一个酷似大汤匙的“贮水器”，可以贮藏好几斤水，只要在这个位置上划开一个小口子，就像打开了水龙头，清凉甘甜的泉水便立刻涌出，可供人们开怀畅饮，消暑解渴。而且这个“水龙头”拧开后又会自动关闭，一天后又可为旅行者提供饮水。因此，人们又称旅人蕉为“旅行家树”、“水树”、“沙漠甘泉”、“救命之树”等。

旅人蕉喜光，喜高温多湿气候，夜间生存温度不能低于8℃。要求疏松、肥沃、排水良好的土壤，忌低洼积涝。它原产非洲马达加斯加岛，深受当地人喜爱，被誉为“国树”。我国广州及海南有少量栽培。

花朵和果实最小的植物

无根萍，又称卵萍、芜萍、微萍、水蚤萍、仁丹藻等，在分类上属于浮萍科，无根萍属。外观像绿色的鱼蛋，身长不超过1厘米，开的花也只有针尖般小。无根萍共创下了三个世界纪录：一、全世界最小的开花植物；二、全世界花最小的植物；三、全世界果实最小的植物。

由于个子是那么的娇小，在野外总是很难吸引人们的目光，再加上我们的生态环境受到严重的污染，我们想要找到无根萍更是难上加难。

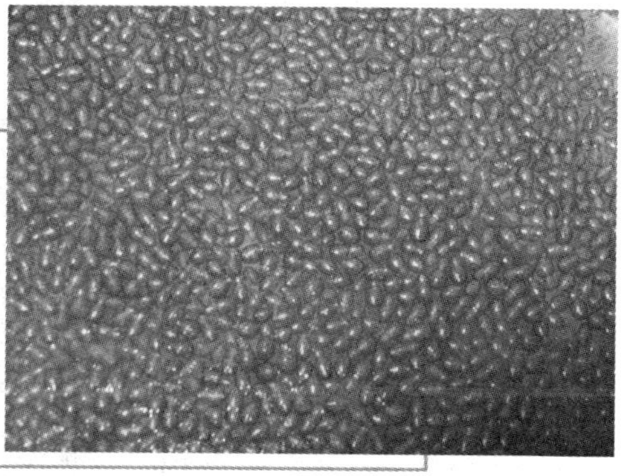
无根萍

全世界来讲，现存的浮萍科植物可分成5个属，共约38种。浮萍是一种长在水面上的微小植物，虽然构造简单，但不原始。浮萍演化自天南星科的祖先，也就是芋头类的植物，尤其是其中一种也漂浮在水上，俗称水芙蓉的植物——大萍，据考证极可能是浮萍的祖先。由于原属于天南星科的大萍在生态习性、形态、及演化上更接近浮萍科，研究人员更进一步建议将大萍属改隶浮萍科。浮萍演化的方向就是朝“缩小”、“退化”、“快速生长繁殖”来进行，而无根萍可以说就位在这条演化路线的极点。

无根萍是浮萍的一种，它的个子太小了，长只有1毫米多，宽不到1毫米，比芝麻还小得多。无根萍的外形同一般萍很相似，它们上面平坦，底下隆起。顾名思义，这种植物是没有根的。有趣的是，这种微小的植物也有花，花当然更小，只有针尖般大。

无根萍构造很简单，整个植物体已经没有根茎叶的区别，外观呈椭圆球形，内部充满小气室，主要由可行光合作用的薄壁细胞所组成。因为植物体太小，连其它浮萍还保有残存的维管束组织也都完全退化掉了。

最高的竹子

我国盛产竹子，产量居世界第一位，共有150余种，主要分布于长江流域以南。其中形体最高大的是毛竹。毛竹一般高达20米，是我国竹子中的老大，但它还不是世界上最高的竹子。

世界上最高的竹子产在斯里兰卡和印度，叫印度麻竹。在分类学上它属于禾本科竹亚科牡竹属；该属约30种以上，均为乔木状竹类，高24～30米，幼时常被白色蜡粉，地下走茎（竹鞭）粗短，杆丛生，竹梢常下垂。节间深绿或灰绿色，长约40厘米，直径20～25厘米，锯下一节就能制成一个不算太小的水桶。巨大的竹秆可作建筑用材和引水管。本属大部分种类产于亚洲东南部、印度、斯里兰卡、缅甸等地，也常见栽培。我国约有10多

麻竹

种，分布于西南部和南部。

最古老的松树

谁都知道松树，谁都赞美松树。自古以来，人们就把它与竹、梅并列，赞誉为“岁寒三友”。

松树是一个十分庞大的家族，全世界约有230多种，其中我国就有115种。而属于我国特产的则有金钱松、白皮松、云南松、海南松、杜松、油松、罗汉松、美人松等，此外，素负盛名的还有红松、黄山松、马尾松等等。

在山东泰山的云步桥上有三株油松，据传秦始皇曾在树下避过雨，后被封为“五大夫松”，人称秦松。但真正的秦松已被大水冲去，现存的三株是清代雍正八年（1730年）补栽的。在五松亭西北峰巅，有一株挺拔健壮的迎客松，又叫望人松。在山南麓普照寺内有“六朝松”，这棵树干如盘龙，枝干匀称，月光透过树冠如碎银镣地，前人称为古松筛月。松树最多处是对松山，这里双松对峙，万松叠翠，松涛荡谷，正是“岱宗最佳处，对松真绝奇”。

泰山六朝松

旅游胜地黄山有四大奇景，其中之一就是苍劲多姿的古松。其中的“迎客松”最负盛名。其枝丫向一侧倾斜伸出，仿佛向远方的游人招手致意，以示欢迎。此外，还有“送客松”、“陪客松”，状如蒲团的“蒲团松”，惟妙惟肖的“麒麟松”、“凤凰松”等等，令人目不暇接，赞叹不已。

迎客松

北京北海公园团城上承光殿东侧有株油松，已有800多岁，当年乾隆皇帝见它浓荫蔽日，遂封为“遮荫侯”。在北京市延庆县的松山天然森林公园，共有十大风景点，“原始松树林”是其中之三。林中有一棵“松树王”，直径有76厘米，已经活了500多年。

在内蒙鄂尔多斯高原东缘、黄河西岸的黄土丘陵沟壑区，生长着一株年代久远的古松，其体格魁伟，高达25米，胸径134厘米，冠幅14.5×16.4米，材积13.5立方米，树龄已近900岁，被人称作“油松王”。

在广西壮族自治区贵县南山寺殿后洞峭壁上有一棵古松，树龄已达3000年，被认为是我国迄今发现的最古老的一棵松树。虽历尽风雨寒暑，但一直苍劲挺拔，繁茂葱郁。在崖上刻有“不老松”三字，游人前往参观，常与古松合影，把它作为长寿的象征。

龟背竹

最大的翠竹

我国是世界竹类植物重要的发祥地之一，竹文化丰富灿烂，历史悠久。竹子种类繁多，全国约有 40 个属，400 多个种。

佛肚竹

世博园的竹园里栽培了 318 种竹子。这里既有丛生竹，又有散生竹；既有低海拔湿热地区的竹种，也有高山寒冻地带的竹种；既有高原平坝的竹种，也有石灰岩山地特有竹种。这里有世界最细的竹子，也有世界最粗的竹子；这里有竹节最长的竹子，也有竹节最短的竹子；这里有竹壁最薄的竹子，也有实心竹子；还有奇特的龟背竹、佛肚竹、方竹、斑竹等等。这些浩如烟海的竹类资源中，堪称“竹王”的是巨龙竹。

巨龙竹

世界上最大的翠竹是中国云南省西双版纳的巨龙竹。这种竹高度通常在 20 米以上，最粗的直径超过 30 厘米，围粗可达 1 米开外。高大粗壮的巨龙竹，有“世界翠竹之王”的美称。巨龙竹茎的壁厚达 3 厘米以上，把它剖成竹片，可以代替木材，用来铺设楼板或代替其它建筑材料。

巨龙竹是目前发现的竹类中最粗的竹子。西双版纳傣族称巨龙竹“埋波”，意为竹中最大者。巨龙竹数量不多，主要分布在云南临沧、西双版纳的边远地区。西双版纳傣族的日常生活与巨龙竹关系颇为密切，甚至可以说是达到了“不可一日无此君”的地步。建盖结实稳固的竹楼，它当之无愧为最佳材料；它标直的竹干可制作水筒槽；粗大的竹筒可制作水桶；坚硬的竹节可制作竹盆、竹碗、竹饭盒；多须的竹根可制作工艺品；巨大的竹笋是竹笋中的佼佼者等等。

向上长最快的植物

生长在我国云南、广西以及东南亚一带的团花树，一年能长高3.5米。在第七届世界林业会议上，被称为“奇迹树”。生长在中南美的轻木，要比团花树长得更快，它一年能长高5米。但是，木本植物生长速度的绝对冠军要算是毛竹。它从出笋到竹子长成，只要两个月的时间，就高达20米，有六七层楼房那么高。生长高峰的时候，一昼夜能升高1米。因此，有“雨后春笋”的说法。

毛竹竹笋

毛竹在种植期前5年丝毫不长，到了第6年雨季到来的时候，它竟以每天6英尺（1英尺=0.3048米）的速度向上急窜15天左右，最后约可以长到90英尺高，并成为竹林中的身高冠军。而且更为奇特的是在它生长的那段日子里，处在它周围方圆10多米内的其它植物便停止了生长，等到它的生长期结束后，这些植物才又获得了生长的权力。有好事者“寻根问缘”的过程中这一奇观的谜底被揭开。原来它前5年不是没有长，甚至没有少长，只不过是以一种不易被人们发觉的方式在生长——向地下生根。经过5年的地下工作，一株还未向上发芽的雏竹的根系竟然向周围发展了10多米，向地下深扎了近5米，真可谓“博大精深”。这样的生长方式不仅为它5年后长高打下了坚实的基础，同时还悄悄地“侵占”了周围其它植物的根系发展空间，使它们无法获得生长所必需的水份及养料，所以在第6年雨季到来的时候它能够几乎以资源垄断的方式独自急长，而此时周围的其它的植物只能望天兴叹。

毛　竹

竹子的生长比较特别，它是一节节拉长。竹笋有多少节和多粗，长成的竹子就有多少节和多粗。一旦竹子长成，就不再长高了。而所有树木的生长，是在幼嫩的芽尖，慢慢加粗伸长，经几十年至几百年，它还会慢慢地加粗长高。

陆地上最长的植物

在非洲的热带森林里，生长着参天巨树和奇花异草，也存绊你跌跤的“鬼索”，这就是在大树周围缠绕成无数圈圈的白藤。白藤也叫省藤，我国云南也有出产。藤椅、藤床、藤篮、藤书架等，都是以白藤为原料加工制成的。

白藤茎干一般很细，有小酒盅口那样粗，有的还要细些，有长的节间。

白藤根部

它的顶部长着一束羽毛状的叶，叶面长尖刺，无纤鞭，裂片每侧 7～11 枚，上部 4～6 枚聚生，两侧的单生或 2～3 成束，束间距离较远。茎的上部直到茎梢又长又结实，也长满又大又尖往下弯的硬刺。它像一根带刺的长鞭，随风摇摆，一碰上大树，就紧紧的攀住树干不放，并很快长出一束又一束新叶。接着它就顺着树干继续往上爬，而下部的叶子则逐渐脱落。白藤爬上大树顶后，还是一个劲地长，可是已经没有什么可以攀缘的了，于是它那越来越长的茎就往下堕，以大树当作支柱，在大树周围缠绕成无数怪圈圈。

白藤为肉穗花序鞭状，分枝 4～7 枚，花单性，雌雄异株。它的茎特别长，而且很纤细，可以说是植物王国里的“瘦长个子”。茎直径不过 4～5 厘米，白藤从根部到顶部，达 300 米，比世界上最高的桉树还长 1 倍。资料记载，白藤长度的最高纪录竟达 500 米，是陆地上最长的植物。

最适于编席的植物

席子自古以来，就是人们的日常生活用品。编席的植物有多种，如高粱秆、芦苇、蒲草、竹皮、灯芯草，席草、大甲草等。其中用高粱秆、芦苇、蒲草等编织的席子比较粗糙，多用于包装物品，作建筑物的围障，围圈粮食及作炕席。而席草、灯芯草，大甲草则多用来编织精致的凉席。

席草是一种多年生草本植物，属于莎草科，其茎三棱形，极为柔韧，分布在我国长江下游各省以及广东、云南等地。每年 11 月间栽根，至翌年五六月间收割。收割后的席草，先经漂制，然后置编席机上进行编织。用麻作经的称作“麻经席”，用纱线作经的称“纱经席”，俗称“线席”。麻经席主要产于我国浙江黄岩、宁波、鄞县及江苏吴县一带。线席以湖南祁东和祁阳称著。席草除编席外，还可编织草鞋及用作造纸原料。

灯芯草又名蔺，不少地区也称作席草，为多年生草本植物，属于灯芯草科，也是最适于编席的植物之一。灯芯草在我国有悠久历史，早在2000年前的《尔雅》中就已有记载。在汉代时，就用它开始织席。李时珍的《本草纲目》告诉我们，早在明代以前，江浙一带就已开始栽培灯芯草，至今那里依然是盛产之地。此外，湖南、广东、四川、江西、福建、安徽也都是灯芯草的栽培地区。

灯芯草分蘖极旺，其茎细而长，为圆柱形，长达1～1.4米，直径约2.5厘米。粗细均匀，因而适于编席．灯芯草生长在沼泽地或者水田中，在溪边及山野湿润之地也有野生。灯芯草一般在七月份进行收割。收割要看好时机，当灯芯草的茎由浓绿转为微黄，由软变得稍硬并发出光泽时，为最佳收割期。因为过早，茎质较柔弱，而色泽也不良；过迟，则茎质粗硬，品质不佳。

灯芯草

灯芯草除编席外，其茎秆可编织草鞋、草帽、扇子以及作造纸原料。茎髓俗称“灯草”，可用于点灯，也可入药，其性微寒，味甘谈，有利尿，清热之功效，可主治小便不利，心烦失眠等症。

此外，宝岛台湾盛产的大甲草，水竹的竹皮以及某些藤本植物茎的外皮也是优质的编席材料，由它们编织成的席子用途不同，风格迥异，深受人们喜爱。

含淀粉最多的树干

植物的淀粉，主要集中在果实、种子、块根、块茎内，如板栗、小麦、山芋、马铃薯等。但是也有一些植物的茎干内含有很多的淀粉。例如，超市里供应的白色半透明的“西米”，就是用苏铁一类植物茎干里的淀粉制成的。

西谷椰子树

树干含淀粉最多的植物，要算是生长在菲律宾、印尼等国的西谷椰子树。西谷椰子树属棕榈科植物，它与棕榈、槟榔以及椰子等是同科兄弟姐妹。它的树干挺直，叶子很长，约有3～6米，终年常绿。树干长得很快，通常一株10～12米高、直径20～25厘米粗的树干，可以刮出200斤干粉，大的树干就更多了。这些干粉经过加工，就制成洁白均匀的西谷米，所以当地人把西谷椰子树叫做“米树”。把它煮成饭，吃起来和大米一样香。当地人就用它作为粮食。据说一个人在西谷椰子林内劳动一天，所得的西谷米，就足够吃一年。

但是，寿命很短，只有10～20年。一生中只开一次 花，而且开花后不到几个月就枯死了。米树的树皮内全是淀粉，开花之前，是树干一生中淀粉贮存的最高峰。然而奇怪的是，这些积存了一生的几百千克的淀粉，竟会在它开花后的很短时间内消失光，枯死后的米树只留下了一株空空的树干。为了及时地收获大自然赐给人类的食粮，当地人未等米树开花就把它砍倒，刮取树干内的淀粉。自古以来，米树的淀粉一直是当地土著居民的重要食粮。

目前世界上仍有几百万人依靠西谷米来维持生活。西谷米不怕虫蛀，可作纺织工业上浆之用，树的嫩芽可以当菜吃，叶柄很粗，可作建筑材料。

最早的制糖原料

中国栽培甘蔗及用甘蔗制糖已有悠久的历史。早在公元前 4 世纪的《楚辞·招魂》中就记载有“胹（ér）鳖炮羔，有柘浆些。”西汉《郊祀歌》里有“泰尊柘浆”句。这其中的柘和蔗同音，“柘”字是甘蔗的古名，由我们嚼食果蔗时发出的“咋咋”声发展而来的。所谓“柘浆”即为甘蔗汁。以上这些文字可说是我国最早的关于甘蔗的记载。西汉之后，开始有“蔗”字的记载，公元前 2 世纪在司马相如的《子虚赋》中称甘蔗为“诸蔗”。东汉服虔《通俗文》中有“荆州竿蔗”的记载。在东汉杨孚的《异物志》中更载有“甘蔗，远近皆有。…… 斩而食之，既甘。迮（榨）取汁为饴饧（糖稀），名之曰糖。……又煎而曝之，而凝而冰……时人谓之石蜜也。”这可说是我国利用的最早记载。

甘蔗

印度栽培甘蔗的历史也很悠久，估计在公元 7 世纪时，甘蔗首先由印度传至埃及，10 世纪传到阿拉伯和叙利亚，11 世纪传到西班牙，16 世纪时由西班牙传至美洲。虽然如此，但印度的制糖技术却是由中国传去的。因而，印度人称“蔗糖”为“中国”，后来印度文中的“糖”和“中国”就成了一个同义词。因此，印度人常说“中国对于印度是甜蜜的……”。从这里，我们可以看出，蔗糖事业起源于中国。中国的制糖技术就是通过印度和东南亚传往世界各地的。

我国甘蔗的栽培主要分布在长江流域以南各省，而以台湾、广东、广西、四川、云南、福建等省为最多。甘蔗的适应能力较强，无论在高旱地，丘陵地，还是围田海涂，都能良好生长，获得比较稳定的产量。甘蔗是用茎或者宿根进行繁殖的，我国利用宿根栽培甘蔗的面积很大，占全国栽培甘蔗总面积的50%以上，一般说来，宿根的寿命只有3~6年，在西印度洋普格里卡岛的甘蔗，寿命最长的宿根也只有25年。

甘蔗本身的经济价值是不言而喻的。它除了主要用于制蔗糖之外，蔗糖工业的副产品糖蜜，可提取酒精、乳酸、醇酮类等化工原料，也可制酒精和其他可口的饮料，滤泥可作饲料和肥料。制糖之后的蔗渣为纤维工业原料，可制人造纤维、纸浆、活性炭等，还可制成隔音的纤维板，以建造房屋。

寿命最长的甘蔗

人类栽培甘蔗的历史已有3000多年。甘蔗通常有三种栽培方法：种子繁殖法、蔗芽繁殖法，宿根繁殖法。前两种方法栽种的甘蔗，都是当年种当年收，在田间的生长期限只有8个月，最长也不过一年半。至于宿根繁殖法，这是在每次收获后，宿根和根茎仍留在土内，利用它们的萌芽能力，第二年再抽出新蔗，如此连续收获多年。这类甘蔗的寿命，就以宿根的年龄计算。

世界上甘蔗宿根寿命一般只有3~6年，夏威夷有达7年者，毛里求斯有5~12年的，古巴有达25年的，而我国福建松溪郑墩乡万前村耕农有一片“百年蔗”。据考查这是清心雍正四年（公元1727年）种下的，到2009年底，该有283年了，可算是世界上甘蔗年龄最大的“老寿星”。可喜的是这位老寿星青春长在，在1979年的时候还发新苗，平均每丛发棵24株，高

75 厘米，根系粗壮，叶色浓绿，生机盎然。

这种宿根甘蔗具有省种、省工、早熟、高产等优点，它在宿根甘蔗栽培的理论研究和生产实践上都有很大的价值。

最好的草皮植物

草皮草是绿化庭园不可缺少的植物。在百花争艳，林木成荫的公园里，陪衬上一片绿油油的草地，等于锦上添花，园景更加美丽。草皮草还具有吸收有害气体，减少尘土飞扬，调节气温和湿度的作用。作为草皮用的草，种类是很多的，最常见的如结缕草、野牛草、狗牙根、羊胡子草、假俭草和细叶结缕草等，其中最好的是细叶结缕草。

细叶结缕草

细叶结缕草又称天鹅绒草和台湾草，原产日本和朝鲜南部地区，现分布于亚热带及中国大陆南部地区。是质地优异，密度最大，生长最缓慢的结缕草种。它的叶子细小柔软，长得又厚又密，好像地毯一样，所以又叫天鹅绒草。它在地面的覆盖度可达95%，假使我们撒上一把黄豆，黄豆也难落到土面。这是其它草皮草难以相比的。

该草喜温暖气候和湿润的土壤环境，也具有较强的抗旱性，但耐寒性和耐荫性较差，不及结缕草。对土壤要求不严，以肥沃、pH 值为 6 ~ 7.8 的土壤最为适宜。抗锈病力弱，须加强维护。由于其匍匐茎和秆均纤细，如不及时修剪和维护，草坪常出现“垛状”和“枯死层”，影响美观和使用。

细叶结缕草形成的草坪低矮平整，茎叶纤细美观，又具一定的弹性，加上侵占力极强，易形成草皮，所以常栽种于花坛内作封闭式花坛草坪或作草坪造型供人观赏。因其耐践踏性强，故也可用作运动场、飞机场及各种娱乐场所的美化植物。

寿命最短的花

在自然界里，有千年的古树，却没有百日的鲜花，这是什么道理呢？因为，花儿都是比较娇嫩的，它们经不起风吹雨打，也受不了烈日的曝晒，因此，一朵花的寿命都是比较短促的。例如：玉兰、唐菖蒲等能开上几天；蒲公英从上午 7 时开到下午 5 时左右；牵牛花从上午 4 时开到 10 时；昙花从晚上八九点钟开花，只开三四个小时就萎谢了。由于它开花时间短，所以有“昙花一现”的说法。

小麦花

你也许以为昙花是寿命最短的花吧？不是。南美洲亚马逊河的王莲花，在清晨的时候露一下脸，半个小时就萎谢了。世界上寿命最短的花是小麦的花，它只开 5 分钟到 30 分钟就谢了。

小麦的花排列为复穗状花序，通常称作麦穗。麦穗由穗轴和小穗两部分组成。穗轴直立而不分枝，包含许多个节，在每一节上着生 1 个小穗。小穗包含 2 枚颖片和 3 ~9 朵小花。小麦花为两性花，由 1 枚外稃、1 枚内稃、3 枚雄蕊、1 枚雌蕊和 2 枚浆片组成。其外稃因品种不同，有的品种有芒，有的品种无芒。

个头最大的洋葱

洋葱是一种非常特殊的植物。洋葱头的表面覆盖着一层金色透明而又非常致密的薄膜，它可以保护洋葱在一年内不致干枯。把洋葱头纵向切开，就可以看出一层层肥厚多汁的白色鳞片。鳞片是从金字塔形的小茎里伸展出来的。在它的下面是干枯的小根。在鳞片之间可以看到白色的幼芽。

在中世纪，人们认为洋葱有奇妙的特性：能够保护战士免受箭的射伤和剑戟的刺伤。身穿钢甲的骑士，胸口常常挂着一个当做护身符的洋葱。古代希腊和罗马的军队，认为洋葱能激发力量、毅力和勇敢，所以在军队的食物里，加入了大量的洋葱。

洋葱又名球葱、圆葱、玉葱、葱头，起源已有5000多年历史，公元前1000年传到埃及，后传到地中海地区，16世纪传入美国，17世纪传到日本，20世纪初传入我国。在我国分布很广，南北各地均有栽培，而且种植面积还在不断扩大，是目前我国主栽蔬菜之一。洋葱为2年生草本植物。有关洋葱的原产地说法很多，但多数认为洋葱产于亚洲西南部中亚细亚、小亚细亚的伊朗、阿富汗的高原地区的可能性较大，因为在这些地区至今还能找到洋葱的野生类型。

国人常惧怕其特有的辛辣香气，而在国外它却被誉为“菜中皇后”，营养价值不低。洋葱以肥大的肉质鳞茎为食用器官，营养丰富，据测定，每100克鲜洋葱头含水分88克左右，蛋白质1~1.8克，脂肪0.3~0.5克，碳水化合物5~8克，粗纤维0.5克，热量130千焦，钙12毫克，磷46毫克，铁0.6毫克，维生素C有14毫克，尼克酸0.5毫克，核黄素0.05毫克，硫胺素0.08毫克，胡萝素1.2毫克。还含有咖啡酸、芥子酸、桂皮酸、柠檬酸盐、多糖和多种氨基酸。挥发油中富含蒜素、硫醇、三硫化物等。花蕾、花粉、花药等均含胡萝卜素。

自古以来，许多民族都认为洋葱有医疗的功能。现代医学证明，洋葱确实可以医治许多疾病。它分泌出来的挥发物质，能杀死多种腐败细菌和病菌，甚至能杀死小虫、青蛙和老鼠。人们只要把洋葱咀嚼 3 分钟，就可以把口腔里的一切细菌杀死。因此，常吃些洋葱对人体健康是大有好处的。

现在栽培的洋葱，半斤以上的葱头很难找到，但是在北非的阿尔及利亚，大的洋葱却很多，最大的一个洋葱竟达 2 千克，这真是洋葱大王了。说也奇怪，那一带地方，不仅是洋葱长得特别大，菜豆、小麦、大麦等粒子也比别的地方大得多，这大概是气候、土壤等条件特别适宜的缘故。

树中的老寿星

俗话说："人生七十古来稀"，人活到百岁就算长寿了。但是人的年龄比起一些长寿的树木来，简直微不足道。

许多树木的寿命都在百年以上。杏树、柿树可以活 100 多年，柑、橘、板栗能活到 300 岁，杉树可活 1000 岁。南京的一株六朝松已有 1400 年的历史了，但是，它并不算老。曲阜的桧柏还是 2400 年前的老古董。台湾省阿里山的红桧，竟有 3000 多年的历史，这是我国目前活着的寿命最长的树，但还算不上世界第一。

龙血树

龙血树原产非洲西部，当地人传说，龙血树里流出的血色液体是龙血，因为龙血树是在巨龙与大象交战时，血洒大地而生出来的。这便是龙血树名称的由来。世界上最长寿的树，要算非洲西部加那利岛上的一棵龙血树。几百年前，西班牙人测定它有 8000～10000 岁，这才是世界树木中的老寿星。可惜在 1868 年的一次风灾中毁掉了。

龙血树是常绿的大树，树身一般高 20 米，基部周围长却有 10 米，七八个人伸开双臂，才能合围它。一般说来，单子叶植物长到一定程度之后就不能继续加粗生长了。龙血树虽属于单子叶植物，但它茎中的薄壁细胞却能不断分裂，使茎逐年加粗并木质化，而形成乔木。龙血树原产于大西洋的加那利群岛。全世界共有 150 种，我国只有 5 种，生长在云南、海南岛、台湾等地。龙血树受伤后流出血色的液体是一种树脂，暗红色，是一种名贵的中药，中药名为“血竭”或“麒麟竭”，可以治疗筋骨疼痛。古代人还用龙血树的树脂做保藏尸体的原料，因为这种树脂一种很好的防腐剂。它还是做油漆的原料。

另外，龙血树株形优美规整，叶形叶色多姿多彩，为现代室内装饰的优良观叶植物，中、小盆花可点缀书房、客厅和卧室，大中型植株可美化、布置厅堂。龙血树对光线的适应性较强，在阴暗的室内可连续观赏 2～4 周，明亮的室内可长期摆放。

世界古柏之父

柏树斗寒傲雪、坚毅挺拔，乃百木之长，素为正气、高尚、长寿、不朽的象征。柏在国外是情感的载体，柏树常出现在墓地，是后人对前人的敬仰和怀念。古罗马的棺木通常用柏木制成。希腊人和罗马人习惯将柏枝放入死者的灵柩中，是希望死者到另一个世界能得以安宁幸福。而中国人在死者的坟上及坟地栽柏是寄托一种让死者“长眠不朽”的愿望。希腊神话载，有一名叫赛帕里西亚斯的少年，爱好骑马和狩猎，一次狩猎时误将神鹿射死，悲痛欲绝。于是爱神厄洛斯建议众神将赛帕里西斯变成柏树，而不让他死，让他终身陪伴神鹿，柏树的名字即从少年的名字演变而来，柏树于是也就成了长寿不朽的象征。

中国陕西省渭北黄土高原黄帝陵上千年古柏有几万余株，黄帝庙左侧有一颗，相传是黄帝亲手栽种的，身高 20 米，树杆下围有 10 米粗。经科学测定，这棵柏树的树龄近 5000 年，是世界上最大、最老的柏树，人们称它是“世界古柏之父”。

传说黄帝打败蚩尤后，定居于今黄陵县桥山上，大家在近水靠山的山坡上伐木建房。由于建房引起的大肆砍伐，桥山周围的树全被砍光。有一天暴雨倾盆而下，山洪爆发，冲走了几十个人。第二天，黄帝经过查看，发现水土流失最严重的地方，全是那些被砍光了树木的山峁。黄帝号召大家吸取教训，上山种植树木，他亲自带头栽下一棵柏树，就是今天庙中的“黄帝手植柏”。

世界古柏之父

这株巨柏周身有 20 多个大疙瘩，相传是黄帝乘龙上天时，将百姓送给他的干肉块扔下来，不断落在这株柏树上，变成了树疙瘩。黄帝活到 110 岁时，有一天在河南巡游，天外飞来一条黄龙，请他归天。黄帝骑上黄龙，巡游中国大地一圈，最后降落在陕西的桥山上。臣民们不愿他离去，有的拉衣角，有的拉宝剑，有的拽靴子。黄帝离去后，人们把从他手上拉下来的靴子、宝剑、衣物埋在这里，作为黄帝的陵墓。

1982 年，英国林业专家罗皮尔考察了 27 个国家的柏树后，认为唯有黄帝手植柏最粗壮、最古老。1998 年 12 月 9 日，“中华名树公选养护委员会”将它评为中华百棵名树之首。世人誉之为“世界柏树之冠”。当地谚语这样描绘它的粗壮“七搂八乍半，圪里圪瘩不上算”，也就是说，七个人手拉着手合抱不拢树干，还剩八乍多。“黄帝手植柏”沐浴了 5000 年的风风雨雨，目睹了中华民族的荣辱兴衰，至今依然苍翠挺拔，枝繁叶茂，显示出无比强大的生命力。

世界油王——油棕

热带植物油棕以丰富的含油量，闻名世界，故有“世界油王”的美名。以每亩产油量来计算，花生30～35千克，大豆15～25千克，油棕150～250千克，分别为花生的7～8倍，大豆的10倍。优良的油棕，亩产油量竟达400千克。以“世界上产油最多的植物”，这一称号授予油棕，它是受之无愧的。

世界油王——油棕

油棕属多年生单子叶植物，是热带木本油料作物。植株高大，须根系，茎直立，不分枝，圆柱状。叶片羽状全裂，单叶，肉穗花序（圆锥花序），雌雄同株异序，果实属核果。油棕喜高温、湿润、强光照环境和肥沃的土壤。年平均温度24℃～27℃，年降雨量2000～3000毫米，分布均匀，每天日照5小时以上的地区最为理想。年平均温度23℃以上，月平均温22℃～30℃的月份有7～8个月以上，年降雨量1500毫米以上，干旱期连续3～4个月的地区能正常开花结果，但出现季节性产果。土层深厚、富含腐殖质、PH为5～5.5的土壤最适于种植油棕。

油棕的果子特别有趣，它们总是成串地“躲藏”在坚硬且边缘有刺的叶柄里面，近似椭圆形，表皮光滑，刚长出来时是绿色或深褐色，大小如蚕豆，成熟时逐渐变成黄色或红色，比鸽卵稍大。成熟的油棕果采摘下来后，加点糖或盐用水一煮就可以直接食用，果肉油而不腻，清香爽口，但果肉中有一些比较粗糙的纤维，容易塞牙。油棕的果肉、果仁含油丰富，在各种油料作物中，有“世界油王”之称。

用棕仁榨的油叫棕油。油棕油的营养价值高，除可食用外，用它制出的食品可久藏不坏。工业上，它可做优良的防锈剂。现在，油棕已经在我国的海南岛生长繁殖了。

油棕原产地在南纬10°至北纬15°、海拔150米以下的非洲潮湿森林边缘地区，主要产地分布在亚洲的马来西亚、印度尼西亚、非洲的西部和中部、南美洲的北部和中美洲。我国引种油棕已有100多年的历史。现主要分布于海南、云南、广东、广西四省。

椰枣生产最多的国家

枣椰树是一种热带、亚热带干燥地区的作物，形如椰子树，高二三十米，枝叶四季常青，具有长达百年寿命的坚强生命力。枣椰在世界上分布很广，但人们总是首先把它与伊拉克联系在一起，这是因为伊拉克是枣椰最古老的故乡，已有5000多年种植历史，无论在枣椰树的数量上还是其果实椰枣（即我国人民所熟悉的伊拉克蜜枣）的产量和出口量方面，都占世界第一位。

枣椰树

枣椰的生长条件十分独特。它既需要炎热干燥的气候，又需要适时的、充足的水量灌溉，有人形象地称它是“头长在火中，脚浸在水里”的果树；但是对土壤的要求却不高，即使是沙质土、盐渍上、沼泽土，也能适应生长。伊拉克美索不达米亚平原南部是枣椰树理想的生境，特别是底格里斯河和幼发拉底河提供了得天独厚的灌溉水源，两河下游汇合而成的阿拉河沿岸，几乎是一片青葱翠绿的枣椰林海，这里椰枣产量约占全国一半。

椰　枣

椰枣含糖量很高，香甜如蜜，营养丰富。伊拉克人的祖先把枣汁和牛、羊乳拌在一起喝，当作佳肴。传说伊斯兰教的创始人穆罕默德在斋月开斋的第一顿饭上吃的第一样食物就是椰枣，这已沿袭为一种风俗。到伊拉克农家作客，主人总是以甜蜜的椰枣和酸牛奶招待。国宾来访，抵达宾馆时，身着阿拉伯民族服装的一对男女小孩，送上1盘椰枣和1杯酸牛奶，以表达主人的情谊。

枣椰树浑身是宝。果实有极高的营养价值，它含有对人体有用的多种维生素和天然糖分。不仅如此，椰枣可以制成各种糖果，高级糖浆、饼干和菜肴，以及制醋和酒精。枣椰树的枝条可以制作椅子、睡床以及装运水果、蔬菜、鸡鸭、鱼虾的筐子；叶子可以用来编席子、捆扫帚、制托盘等，还可以作燃料；树干用来建造农舍、桥梁；枣核可以作饲料；劣等椰枣则用来作肥料或饲料。

百合种类最多的国家

百合是百合科百合属多年生草本球根植物，主要分布在亚洲东部、欧洲、北美洲等北半球温带地区，全球已发现有百多个品种，中国是其最主要的起源地，其中55种产于中国。近年更有不少经过人工杂交而产生的新品种，如：亚洲百合、麝香百合、香水百合、葵百合、姬百合等。最常见的百合有川百合、兰州百合、湖北百合、卷丹、麝香百合、王百合等。

麝香百合

百合花素有“云裳仙子”之称。由于其外表高雅纯洁，天主教以百合花为玛利亚的象征，而梵蒂冈以百合花象征民族独立、经济繁荣，并把它做为国花。百合的鳞茎由鳞片抱合而成，又“百年好合”、“百事合意”之意，中国人自古视为婚礼必不可少的吉祥花卉。

山丹花

百合花姿容隽美，有色有香，人们赞誉她为最高雅的花，一点也不过分。

百合，花为乳白色，外侧稍带棕色晕，幽香袭人，其球茎扁圆，黄白色而有紫晕，原产于我国西南、东南及河南、河北、陕西，甘肃一带。麝香百合花也呈白色，但花筒部带绿，芳香宜人，原产于我国台湾，近数十年来风靡世界，我国上海、福建、广东一带均有栽培。由于它花朵硕大，极适于作大型插花，因而在市场上往往以花朵数，而不以花枝来论价。

山丹花，纯红色，无任何斑点，各处山地野生。在一片绿原上，如发现一株艳红的山丹花，显得格外夺目，有万绿丛中一点红的意境。

另外，花呈红色或橙色的百合还有川百合及其变种兰州百合、湖北百合及卷丹。卷丹以奇特的花形而赢得人们的喜爱，其花被片向外反卷成球状，橙红色，上面缀着紫褐色的斑点，是有名的食用百合。

王百合

王百合，又名峨眉百合，其花被片也向外反卷，内侧白色，筒部带黄色，外侧淡雪青至紫色，芳香扑鼻，原产于四川西北海拔760～2200米的山谷石隙中，1902年由英国人威尔逊发现，目前只在北京、上海、南京等地有栽培。

百合花主要用来观赏，尤以荷兰及日本输出的切花品种居多。百合花的球根含丰富淀粉质，部分品种可作为蔬菜食用；在中国，食用百合具有悠久的历史，而且中医认为百合性微寒平，具有清火、润肺、安神的功效，其花、鳞状茎均可入药，是一种药食兼用的花卉。

最会变性的植物

在美国缅因州和佛罗里达州的森林里，生长着一种叫印度天南星的植物，它四季常绿，在长达15～20年的生长期中，总是不断地改变着自己的性别，从雌性变为雄性，又从雄性变为雌性。

大多数植物都是雌雄同株的，在一种植物体上既有雌花又有雄花，或者一朵花中同时有雌雄器官，而印度天南星却不断改变性别。早在20世纪20年代，植物学家就发现了印度天南星的性变现象，可长期以来，人们猜不透其中的奥秘。据美国一些植物学家研究发现，中等大小的印度天南星通常只有一片叶子，开雄花；大一点的有两片叶子，开雌花；而在更小的时候，它没有花，是中性的，以后既能转变为雄性，也能转变为雌性。

经过进一步的观察，他们又发现，当印度天南星长得肥大时常变为雌性，当植物体长得瘦小时又变为雄性。最后他们认为，印度天南星的性变生理是植物“节省”能量、生存应变的策略。

原来植物像动物一样，雌性植物产生后代所需的能量比雄性植物产生精子所需要的能量要多。印度天南星的种子比较大，消耗的能量比一般植物更多，如果年年结果，能量和营养都会入不抵出，结果会使植物越来越瘦小，甚至因营养不良而死去。所以只有长得壮实肥大的植物才变成雌性，开花结果会植物瘦弱了，就变为雄性，这样可以大大节省能量和营养。经过一年的“修养”，待它们恢复了元气，再变成雌性，又开花结果。

这种植物不光依靠性变来繁殖后代，还利用性变来应付不良环境。植物学家发现，当动物吃掉印度天南星的叶子，或大树长期遮挡住光线时，印度天南星也会变成雄性，直到这种不良环境消失，它们才变成雌性，繁殖后代。

双子叶草本植物类

最短命的植物

种子植物中最短命的。要算沙漠中生长的一种叫“短命菊”的植物。

短命菊是世界上生命周期最短的植物之一，它的寿命还不到1个月。这种生活习性是它适应特殊生存环境的结果。短命菊又叫“齿子草”，是菊科植物，生活在非洲撒哈拉大沙漠中。那里长期干旱，很少降雨。许多沙漠植物都有退化的叶片、保存水分的本领以适应干旱环境。短命菊却与众不同，它形成了迅速生长和成熟的特殊习性。只要沙漠里稍微降了一点雨，地面稍稍有点湿润，它就立刻发芽，生长开花。整个一生的生命周期，只有短短的三四个星期。

短命菊

它的舌状花排列在头状花序周围，像锯齿一样。有趣的是，短命菊的花对湿度极其敏感，空气干燥时就赶快闭合起来；稍稍湿润时就迅速开放，快速结果。果实熟了，缩成球形，随风飘滚，传播他乡，繁衍后代。由于它生命短促，来去匆匆，所以称为“短命菊”。

最孤单的植物

在繁花似锦的植物王国中，有一种最孤单的植物，这就是独花、独叶的独叶草。独叶草不但花叶萧条，而且结构亦简单、原始。

独叶草

独叶草是毛茛科的一种多年生的草本植物，不仅花叶孤单，而且结构独特而原始。它的叶脉是典型开放的二分叉脉序，这在毛茛科1 500多种植物中是独一无二的，是一种原始的脉序。独叶草的花由被片、退化雄蕊、雌蕊和心皮构成，但花被片也是开放二叉分的，雌蕊的心皮在发育早期是开放的。这些构造都表明独叶草有着许多原始特征。这种独特的植物自1914年被发现以来，即引起国内外学者的兴趣。大家认为，对独叶草结构的研究可以为被子植物的发展进化提供更多的资料。

独叶草零星分布在陕西、甘肃、四川以及云南德钦等地。生于海拔2200～3975米地带的亚高山至高山针叶林和针阔混交林下。由于该种生长于荫蔽、潮湿、腐殖质层深厚的环境中，种子大多不能成熟，主要依靠根状茎繁殖，天然更新能力差，加之人为破坏森林植被和采挖，使其植株数量逐渐减少，自然分布日益缩小。

独叶草的保护价值在于营养叶的脉序、根状茎和花被片待的形态解剖特征都有别于毛茛科的其他属，这种原始被子植物对研究被子植物的进化和毛茛科的系统发育有一事实上的科学意义。另外，全草可供药用。

叶最甜的植物

菊科植物中有一种多年生的草本植物，名叫甜叶菊，它的叶是最甜的叶。这种植物原产南美巴拉圭东部，当地人们称它为“巴拉圭甜茶”，又名“甜草”。从它的1000克干叶片中可提取60～70克的菊糖甙结晶，其甜度为蔗糖的300倍，其中分离得的A3苷，其甜度为蔗糖的450倍，难怪人们赞美甜叶菊为“活糖精”。

甜叶菊栽种的第一年，株高可达0.8米左右，第二年可达2米。叶浅绿或浓绿色，相对着生于茎，全身被有短茸毛。9月中旬开花，花期1月左右。花冠细吊钟形，一般为白色，由4～6朵小花组成伞房状排列而成的头状花序。果形细长如纺锤形，瘦果为褐色或黑褐色。种子千粒约重0.4克。

甜叶菊的生育，平均温度要求在20℃以上，它的适应性较广，并具有较强的耐寒性。一般于8月、10月可以收割2次，在亚热带地区，一年可收割4次。

甜叶菊

多少年来，人们习惯用甘蔗等植物来提取白糖、红糖、葡萄糖等。这些糖有营养，热量也高，吃多了对健康有一定影响，例如小朋友吃多了容易蛀牙，大人吃多了会引起肥胖病、动脉硬化症，糖尿病患者更要严格禁止吃糖。后来人们用人工合成的方法得到了比糖甜几十倍甚至几百倍并且热量又不高的糖精，用来弥补白糖等的不足。不过，随着科学的发展。人们发现糖精对人体也有不良的影响。甜叶菊的发掘和利用给人类带来了福音。试验表明，甜叶菊糖不但对人体没有任何不良影响，相反，它还有降血压、强壮身体、治糠尿病等药用价值，它不但夺得了“甜味世界”的冠军，还被称作“时髦的甜味品”。

除甜叶菊外，植物中还有很多带甜味的天然物质，如甘草的根和根茎有比白糖甜 200～250 倍的甘草酸苷，玉米芯中可提取和白糖一样甜的木糖醇……都是低热量的甜味剂，有待人们不断开发和利用。

花最大的植物

世界上最大的花是大花草科的寄生草本植物大花草的花，人们也叫它为“大王花”。这种寄生性植物一生中只开一朵花，花的直径最大者达 1 米以上，最大的直径可达 1.4 米，质量最重可达 25 磅，也就是 10 千克。有 5 片大花瓣，每瓣长 30～40 厘米，厚 2 厘米以上，，花心像一个大面盆，圆口内可盛 5～6 升水。花色五彩斑斓，上面的斑点使其看上去如青春期孩子们一张长满粉刺的脸。

这种花产于印度尼西亚苏门答腊的热带丛林中，无根、无叶、无茎，寄生在葡萄科植物白粉藤的蔓藤根茎上。也许因为寄生吸收的养料全部供给了这朵花，促使这朵难看的花儿长得又大又肥，成了植物界里最大的花。

大花草

这种植物不仅花朵巨大，还有个奇特的地方就是，这种花刚开的时候有香味，过不了几天，花儿由香变为腐肉臭，而且变得臭不可闻。因此可以吸引逐臭昆虫来为它传粉。由于这个特点，人们又给它取了一个难听的名字——“尸体百合花”。

大花草虽然稀少，但在东南亚的几个国家都曾发现过。至于大花草花为什么这么大，还在研究中。

最耐干旱的花

令箭荷花属附生仙人掌类，喜温暖、湿润环境，也有很强的耐旱能力。不耐寒，冬季需保持室温为10℃～15℃，并需阳光充足，温度过低易死亡，过高则易造成枝条徒长；夏季需置于半荫处，并保持较高的空气湿度，强光会使其生长受抑制甚至死亡，而蔽荫处生长过度则不易开花。喜肥沃、疏松、排水良好的微酸性（pH 值5～6最适宜）腐叶质土，粘重的土壤条件易罹患根腐病；冬季要求较干燥的土壤，但不能使根部过分干燥。

令箭荷花多年生草本植物，高约50厘米，多分枝。叶退化，以绿色叶状茎进行光合作用。茎扁平披针形，形似令箭。基部圆形，植株鲜绿色；边缘略带红色，有粗锯齿，锯齿间凹入部位有细刺（即退化的叶）。中脉明显突起。花着生于茎的先端两侧，花大美丽，不同品种直径差别较大，小的有10多厘米，大的达30多厘米。花外层鲜红色，内面洋红色，栽培品种有红、黄、白、粉、紫等多种颜色，盛开于4～5月份。花被开张，反卷，花丝及花柱匀弯曲，花形尤为美丽。浆果，种子小，多数，黑色。

令箭荷花

令箭荷花以娇丽轻盈的姿态，艳丽的色彩，顽强的生命力和幽郁的香气，深受人们喜爱。它在盛夏时开花，是窗前、阳台和门厅点缀的佳品。

最高的仙人掌

温带地方的仙人掌，都是远方的来客，只能在温室里过冬，个儿一般只有热水瓶那么高。

我国海南岛的西部，靠近海边的地方，野生的仙人掌有1~2米高，多得简直像森林。每当春夏之交，雨季尚未到来的时候，其它植物都枯黄，独有仙人掌鲜花竞放，那美丽鲜黄的花朵映着海滩，真是别有风光。仙人掌的果实像红珠珠，有甜味，可以生吃。它的扁茎还是有用的药草。如果小孩生了腮腺炎，切一片薄薄的茎加上一些食盐，贴在患处，效果很好。

仙人掌的真正老家是在墨西哥的沙漠里，那里简直是仙人掌的世界。它同类的兄弟很多，形态也千奇百怪：有的长成球形，叫仙人球；有的长得像烧饼，叫仙人掌；有的长成圆柱状，叫仙人柱，也有的长得像鞭子、棍子，分别叫它仙人鞭、仙人棒。它们的高度常常超过人头。在墨西哥的下加利福尼亚有一株大仙人掌，高达17.69米，重有10吨。如果把它锯倒弄断，要两辆大卡车才能把它拖走。

巨型仙人掌

仙人掌为肉质多年生植物。虽然少数种类栖于热带或亚热带地区，但多生活在干燥地区。仙人掌的茎通常肥厚，含叶绿素，草质或木质。多数种类的叶或消失或极度退化，从而减少水分所由丢失的表面积，而光合作用由茎代行。根系通常纤细，纤维状，浅而分布范围广，用以吸收表层的水分。

仙人掌类植株的大小及外形千差万别，小者如钮扣状的佩奥特掌，矮小团块状的刺梨和刺猬掌，大者如高柱状的圆桶掌和高大乔木状的巨山影掌。多数仙人掌类生长于土中，但几个热带种类，包括仙人棒属、昙花属和蟹爪兰属的种类，为附生；另一些种类则生长于坚硬的表面，如岩石上。附生的种类往往具薄而扁平的茎。植株的表面形态亦各异，或为平滑，或有突出的结节、嵴或有凹沟。

刺猬掌

人们常常认为，仙人掌只是作为观赏植物的，没什么用途。其实不然，很多仙人掌类植物的果实，不但可以生食，还可酿酒或制成果干。仙人掌历来是美洲传统的食品，是人们日常生活中不可缺少的一种特色蔬菜和水果，人们将仙人掌洗净切碎后煮在汤中、或是架在炉上烤制、或是做成饼馅、或是直接将新鲜的仙人掌腌制，还有的用仙人掌来酿酒。在墨西哥的市场上，一些片状仙人掌的嫩茎，可作为蔬菜出售。有些柱状仙人掌的木质躯干一直被印第安人用做建筑材料。仙人掌片状茎节不仅可作牲畜饲料，而且它的黏稠汁液还可作为清洁水质的净化剂使用。

最害羞的草类

人们常说“人非草木，孰能无情”，而实际上恰好相反，因为植物也有知觉，有丰富多彩的感情，甚至还有语言、音乐、舞蹈等，只不过它们的表现形式特殊而神奇，不易为人类所察觉罢了。含羞草就是其中最典型的一种。如果轻触羽毛般的纤细叶子，叶子立即闭合，因之名为含羞草。含羞草花朵粉红色，花序呈球形，轻飘飘的。温柔甜美的花形营造了一份浪漫的气息。由于叶片一被触动即闭合而下垂，呈含羞状，被比喻为一位漂亮、腼腆的傣家少女，一见到陌生的小伙子，就羞答答地遮起自己的脸；又好似窗前羞涩的少女，一遇到生人便立即关闭窗户；还特别像古时候害羞的新媳妇，“十四为君妇，羞颜未尝开，低头向暗壁，千唤不一回”。

含羞草具有“害羞”特性的原因是，含羞草的叶柄基部有个叫做“叶枕”的膨大部分，叶枕内生有薄壁细胞，当叶片受到外界触碰时，振动传到叶枕，这时薄壁细胞内的细胞液立即向细胞间隙流去而减少了细胞的膨胀能力，叶片即自动闭合，叶柄和嫩枝亦同时下垂，当“风平浪静”数分钟后，它们又恢复如初了。含羞草的这种特殊本领，是对外界不良环境的一种适应。原来含羞草的老家在热带南美洲的巴西，那里常有暴风骤雨，每当第一滴雨点打着叶子时，小叶就闭合，叶柄下垂，从而避免了风雨的伤害。所以，叶片和枝是最为有趣的欣赏和把玩部位。

含羞草

含羞草为豆科多年生草本或亚灌木，又名知羞草、呼喝草、怕丑草。成簇生长，茎基部木质化，高可达1米，耐寒性较差，原产美洲热带地区。含羞草花期7月~10月，花色粉红，头状花序呈圆球形，形如绒球。花后结荚果，果实扁圆形。其株高40~60厘米，枝上有刺毛。羽状复叶互生，总叶柄上有羽片2~4个，呈掌状排列，小叶有14~48片之多。含羞草的花、叶和荚果均具有较好的观赏效果，成为阳台、室内的盆栽花卉，在庭院等处也能种植。

含羞草生性健强，容易栽培。喜温暖和湿润环境，喜肥沃的沙壤土，喜光，稍耐半阴，怕寒冷。用播种繁殖含羞草，在3～4月或9～10月进行，幼苗期生长较慢，春暖后生长加快，苗高7厘米左右就定植或上盆，无需特殊管理即能良好生长，越冬温度在10℃以上。

含羞草全株有微毒，但对人不构成影响，含羞草全株入药，有安神镇静、止血、收敛紧缩和散瘀止痛之功效。

行为最“卑劣”的植物

春天到了，菟丝子的种子发芽了，它的茎下端扎入土中，看上去十分纤弱。它的细细的茎在地上缓缓地爬行，渐渐靠近了一株植物，这时的菟丝子才凶相毕露，它迅速地长出吸器，刺入植物茎内，贪婪地汲取不费力得来的“营养叶”。

菟丝子

缠绕住一株植物后，菟丝子并不满足，它继续晃动“水蛇腰”的茎，将“魔爪”伸向一株又一株植物，这时根早已消失，叶子也退化成半透明的鳞片，是的，有了“靠山”，还要这些做什么呢？不过菟丝子的茎倒是变得粗糙起来，仔细观察，可以看到上面有许多细小的尖齿，这就是它为了掠夺而生出的吸器。

菟丝子贪婪地向周围的植物进攻，有时一棵菟丝子居然可以缠住150株黄麻。被菟丝子“纠缠”的植物，过着委屈忍让，又疲惫不堪的生活，可是菟丝子却并不可怜它，还传染给植物一些病毒，当植物渐渐衰亡的时候，菟丝子便离开它，另寻寄主了。菟丝子这种卑劣行为，使它成了遭人唾骂的“吸血鬼”。

菟丝子为一年生寄生草本。茎丝线状，橙黄色，无叶。花簇生，外有膜质苞片；花萼杯状，5裂；花冠白色，长为花弯2倍，顶端5裂，裂片常向外反曲；雄蕊5，花丝短，与花冠裂片互生；鳞片5，近长圆形。子房2室，每室有胚珠2颗，花柱2，往头头状。蒴果近球形，成熟时被花冠全部包围；种子淡褐色。花果期7月~10月。

菟丝子产于连云港、邱县、铜山、宝应、南京、吴江等地，生长在山坡路旁、河边，多寄生在豆科、菊科、蓼科等植物上；也分布于华北、华东、中南、西北及西南各省。菟丝子有成片群居的特性，故在野外级易辨识。种子含脂肪油及淀粉；又可入药，为滋养性强壮收敛药，治阳痿、遗精、遗尿等症。

最臭的开花植物

人们常常用“芳草香花”等句子来赞美自然界的花草树木。其实，在绿色植物里，臭花、臭草也还是不少的。植物书上用“臭”字命名的，不下几十种，例如：臭椿、臭梧桐、臭娘子、臭荠、臭灵丹、臭牡丹……有些植物虽没用臭字命名，但包含着臭的意思。例如鸡矢藤、鱼腥草、马尿花……这许许多多含有臭味的植物，究竟哪种最臭呢？这只能靠我们的鼻子去鉴别。

鱼腥草

当我们走到臭梧桐树下，并不觉得有臭味。要是摘一片叶子，弄碎闻一闻，就有一股臭味。假若你走进鱼腥草的草丛中，立即会闻到腥臭味。如果再用手摸它一下，一小时之内，臭气也难以消掉。这两种植物虽臭，但都是很好的药草。臭梧桐可治高血压病，鱼腥草是治肺炎的良药。

热带有一种有名的水果叫韶子，闻闻有恶臭，吃起来味极美。在中美洲的森林里，有一种叫天鹅花，也叫鹅花或鹈鹕花，看上去很脏，它的臭味很像腐烂的烟草，猪吃了马上会死去，没有吸烟习惯的人最怕闻这种臭味。

在苏门答腊的密林里有一种巨魔芋，当它开花的时候，臭得像烂鱼一样。大花草的臭味很象腐烂的尸体。烂鱼确是难闻，烂尸体更使人恶心。因此，最臭的植物，公认是大花草。说也奇怪，这两种特别臭的植物，一种是花序最大，一种是花朵最大，大概臭味与它们发散的面积也有关系。

叶子最多的苜蓿

苜蓿，又叫金花菜或母鸡头，不仅可以当菜吃，还是很好的绿肥，优良的牲畜饲料。它的种子里含有10%的油分。

苜蓿是多年生草本，冬天来了，它的枝叶都枯萎了，春风一吹，它的老根上就长出茂密的枝叶。它的每一个叶柄上，只长3张小叶子，在任何地方都是这样。可是，1957年8月31日，在英格兰海威尔地方，发现有一株苜蓿，一个叶柄上长着12张叶子，这是走遍天下也找不到的。这种现象我们叫它植物的变异。人们往往就利用这种变异，培养出许多新品种。例如野生的蔷薇只有5片花瓣，而栽培蔷薇的花瓣要多得多。这就是人们利用植物的变异，选择培育出来的。

苜 蓿

紫苜蓿花

苜蓿茎枝收割后能迅速再生出大量新茎，因此每个生长季节内可收割干草1次至13次之多。可收割的次数及每个生长季节的总产量主要决定于生长季节的长度、对土壤的适应性、阳光是否充足，尤其是生长季节降雨及灌溉的数量和分布。绿叶的苜蓿干草营养丰富，为牲畜所爱食，含约16%的蛋白质及8%的矿物质，又富含维生素A、维生素E、维生素D及维生素K。

细胞最大的植物

自然界生长着形形色色的植物，细草巨木，绿叶红花，它们的形状、结构、大小相差很远，可是如果用显微镜仔细观察，我们即可发现，所有的植物都是由细胞构成的。一般的植物细胞都很小，长度通常在20～100微米之间。一颗芝麻约有3毫米即3000微米长。就是说，要30～100个细胞排成队，才有一颗芝麻那么长。因此，必须借助显微镜放大60倍以上，才能看见它们的大体模样。

苎 麻

有少数植物细胞，用肉眼就可以看见。如我们切开成熟的“砂瓤”西瓜，就可以看见瓜瓤中的细胞。“砂瓤”中的每一“砂粒”，就是一个细胞，直径达1毫米左右，它可算是植物细胞中的大个子。一条条雪白的棉花纤维，每一根纤维也是一个细胞，最长的可达到75毫米，差不多有成年人的手指那么长。西瓜瓤细胞同它相比，真是小巫见了大巫。更有甚者，苎麻茎的韧皮纤维细胞，最长能超过半米，真是细胞“小人国”中的擎天“巨人”。它是最大的植物细胞。

苎麻是多年生宿根性草本植物，是重要的纺织纤维作物。也称白叶苎麻。其单纤维长、强度最大，吸湿和散湿快，热传导性能好，脱胶后洁白有丝光，可以纯纺，也可和棉、丝、毛、化纤等混纺，闻名于世的浏阳夏布就是苎麻纤维的手工制品。苎麻单纤维长度为是麻类作物中最长的。直径17～64微米，横断面呈多角形、椭圆形。叶互生，叶片卵圆形、椭形或近圆形，边缘有锯齿，叶片表面粗糙或有皱纹，绿色或黄绿色，背面有银白色毡毛，叶柄、叶身或托叶的主脉绿色或黄绿色，有时带红或紫色。

最像卵石的植物

生石花外形和色泽酷似彩色卵石，品种繁多，色彩丰富，是世界著名的小型多浆植物，常用来盆栽供室内观赏。

长于卵石中的生石花

生石花原产南非开普省极度干旱少雨的沙漠砾石地带，全年雨量在250毫升以下，冬季平均气温10℃，夏季20℃～25℃。干季休眠，球体渐次萎缩埋入土中，仅留顶面露出地表而似砂砾。此种“拟态”有防鸟兽吞食的作用。

该植物为多年生小型多肉植物。茎很短，常常看不见。变态叶肉质肥厚，两片对生联结而成为倒圆锥体。品种较多，各具特色。3～4年生的生石花秋季从对生叶的中间缝隙中开出黄、白、红、粉、紫等色花朵，多在下午开放，傍晚闭合，次日午后又开，单朵花可开7～10天。开花时花朵几乎将整个植株都盖住，非常娇美。花谢后结出果实，可收获非常细小的种子。生石花形如彩石，色彩丰富，娇小玲珑，享有“有生命的石头”的美称。

生石花喜阳光，生长适温为20℃～24℃，春秋季节宜放在南向阳台上或窗台上培养，此时正是其生长旺盛期，宜每隔3～5天浇1次水，促使生长和开花。生石花的生长规律是3～4月间开始生长，高温季节暂停生长，进入夏季休眠期，秋凉后又继续生长并开花，花谢之后进入越冬期。

最有力气的果实

凤仙花的果实成熟后，果皮会自动裂开，把种子像枪弹似地喷射到2米远的地方去。在丰富多采的植物界里，这种本领并非凤仙花所独有，甚至有的植物本领还要大。

喷瓜多年生、匍匐草本，无卷须；花黄色，单性同株，雌花单生，但在同一叶腋内常有雄花的总状花序；花冠轮状或阔钟状，5深裂，裂片短尖，花药分离，子房长形，有胚珠多颗。

喷　瓜

原产欧洲南部的喷瓜，它的果实像个大黄瓜。成熟后，生长着种子的多浆质的组织变成黏性液体，挤满果实内部，强烈地膨压着果皮。这时果实如果受到触动，就会“砰”的一声破裂，好像一个鼓足了气的皮球被刺破后的情景一样。喷瓜的这股气很猛，可把种子及黏液喷射出15～16米远。因为它力气大得像放炮，所以人们又叫它“铁炮瓜”。还有比喷瓜果实更有力气的果实吗？人们至今还没有发现。另外要注意的是，喷瓜的黏液有毒，不能让它滴到眼中。

另外，喷瓜的种子不像我们常见的瓜那样埋在柔软的瓜瓤中，而是浸泡在黏稠的浆液里，浆液把瓜皮胀得鼓鼓地。当瓜成熟时稍一风吹草动，瓜柄就会自然与瓜脱开，瓜上出现一个小孔，紧绷绷的瓜皮把浆液连同种子从小孔里喷射出去一直喷到几米远的地方，种子就这样传播出去了。大自然中喷瓜传播种子的本领已经达到了登峰造极的水平。

寿命最长的种子

植物种子的寿命，短的只有几天，甚至几小时，一般的有几个月、几年，寿命超过15年，已算是长命的了。

古莲子开花

那么，世界上有没有千年不死的最长命的种子呢？有的，那就是我国的古莲子。这是1951年在辽宁省普兰店泡子屯村的泥炭层里发现的。人们推断它们已在地下静静的睡了1000年左右，但是它们并没有死亡。我国科学工作者用锉刀轻轻地把古莲子外面的硬壳锉破，然后泡在水里，古莲子不久就抽出嫩绿的幼芽来了。北京植物园1953年栽种的古莲子，在1955年夏天就开出了粉红色的荷花，沉睡千年的古莲子被人们唤醒了。不少国家的植物园从我国要去了这种莲花种子，并已栽种成活。

古莲子的寿命为什么有这样长呢？原来植物种子离开它的“母亲”之后，它就有了独立生存的能力。生命的长短，与种子本身的构造及贮藏条件的好坏，有着密切的关系。古莲子外面这层坚韧的硬壳，把自己保护得好好的，又深深埋藏在较干燥的泥炭层里，这是古莲子长寿千年的秘密。

最神奇的中药植物

人参有调气养血、安神益智、生津止咳、滋补强身的神奇功效，所以素被人们称为“神草”，被拥戴为“中药之王”。人参之所以如此神奇，是由于它含有多种皂苷以及配糖体、人参酸、甾醇类、氨基酸类、维生素类、挥发油类、黄酮类等，对于增强大脑神经中枢、延髓、心脏、脉管的活力、刺激内分泌机能等，都具有很高的医疗作用。

党参叶蔓

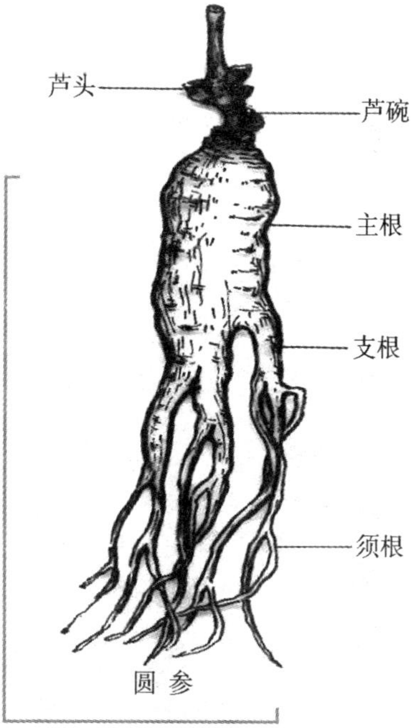

圆 参

人参是五加科多年生草本植物。它的茎有四五十厘米高，叶有 3 ~ 5 个裂片，花很小，只有米粒般大，紫白色。药用部分主要是它的根。中国是世界上最早产参用参的国家。中国最早的草药书《神农本草经》就已经提到了人参的名字。其后的历代名医如陶宏景、唐松敬、陈藏器、张仲景、李时珍等也都对人参作过高度评价。东北是我国人参最著名的产区，主要分布在吉林东部和长白山脉的抚松、集安、通化、临江等地，产量要占全国的90%以上。

人参为第三纪孑遗植物，也是珍贵的中药材，以“东北三宝”之称驰名中外，在我国药用历史悠久。长期以来，由于过度采挖，资源枯竭，人参赖以生存的森林生态环境遭到严重破坏，因此以山西五加科“上党参”为代表的中原产区即山西南部、河北南部、河南、山东西部）早已绝灭。目前，东北参也处于濒临绝灭的边缘，因此，保护本种的自然资源有其特殊的重要意义。

含热量最低的蔬菜

黄 瓜

蔬菜中含热量最少的是黄瓜，原产印度，每千克含热量仅672焦耳。营养价值一般，但含水极高，且含丙醇二酸，可抑制糖类转化为脂肪，被视为减肥食品。嫩籽含维生素E较多，如非必要，可勿去除。中医认为其味甘、性凉，可除热、利尿、解毒。

黄瓜有3个品种群：一类果很大，生长旺盛，但仅适应於温室或搭架栽培；一类果大，一般具白刺，室外栽培（主要用于刨片和腌制）；一类果小而带刺，产量高，包括户外栽培，主要用于腌制的西印度黄瓜。黄瓜的营养价值不高但很受欢迎，常用做沙拉和配菜。新鲜黄瓜结实，形状美观，鲜绿色，在冰箱内约可存放两周。

黄瓜根系分布浅，再生能力较弱。茎蔓性，长可达3米以上，有分枝，叶掌状，大而薄，叶缘有细锯齿。花通常为单性，雌雄同株。瓠果，长数厘米至70厘米以上。嫩果颜色由乳白至深绿。果面光滑或具白、褐或黑色的瘤刺。有的果实有来自葫芦素的苦味。种子扁平，长椭圆形，种皮浅黄色。中国栽培黄瓜的主要类型有：华北型，主要分布于长江以北各省；华南型，主要分布于东南沿海各省；英国温室型、欧美凉拌生食型和酸渍加工型。

对光照最敏感的花

在自然界里，各种植物的花朵，对阳光的敏感程度是不一样的。例如：待霄草的花傍晚开放，早晨闭合，它不需要阳光；金银花白天晚上都能开放，有光无光无所谓；蒲公英的小黄花，太阳一露脸，它就开放了，傍晚太阳刚落山，它又闭合了。

龙胆草

对光照最敏感的植物，要算在阿尔卑斯山的一种龙胆草的花。它在多云的日子里，只要太阳一钻出云层，不到两分钟，它就张开了花朵，等太阳一被云层遮住，它马上又闭合起来。

为什么会有这种现像产生呢？近年来植物学家发现，植物中有两种光敏色素，一种能吸收660毫微米的红光，简称P660；另一种能吸收735毫微米的红外光，简称P735。它们在明暗交替下可以互相转化。在黑暗中P735会逐渐转化为P660，而经短期光照后，P660又会转化成P735。龙胆草花光敏色素相互转化的速度特别快，所以对光照最敏感。

龙胆草根茎呈不规则的块状，长 1~3 厘米，直径 0.3~1 厘米；表面暗灰棕色或深棕色，上端有茎痕或残留茎基，周围和下端着生多数细长的根。根圆柱形，略扭曲，长 10~20 厘米，直径 0.2~0.5 厘米；表面淡黄色或黄棕色，上部多有显著的横皱纹，下部较细，有纵皱纹及支根痕。质脆，易折断，断面略平坦，皮部黄白色或淡黄棕色，木部色较浅，呈点状环列。气微，味甚苦。本品为唇形科风轮菜属风轮菜，多年生草本，生于园边沟边、路旁旷地等。

世界上最辣的辣椒

产于印度东部的“魔鬼椒”是目前最辣的辣椒品种。实验显示，它比此前吉尼斯纪录的保持者，美国加州产的红色“沙维纳”灯笼椒还要辣上一倍。

“魔鬼椒”在印度东部的七个邦都有种植，据检测，每单位大小的“魔鬼椒”中含有超过 100 万个“斯科维尔单位”，达到了辣度的最高级别。要知道，普通的墨西哥青辣椒的辣度只有 2500~8000 个“斯科维尔单位”，而著名的海南朝天椒的辣度单位大概在 15 万，还不到“魔鬼椒”的 1/6。

“魔鬼椒”

“魔鬼辣椒”生长在印度东北部阿萨姆邦山区，是当地居民餐桌上的常见美食。当地人相信这种辣椒极其强烈的辣味足以把魔鬼吓走，因此称它“魔鬼辣椒”。“魔鬼椒”通常是制成辣椒粉或加在其他调料中，但也有怕不辣的人喜欢一小口一小口地生吃“魔鬼椒”，享受那种“辣彻肺腑”的感觉。即使是最小的一口也能辣得人们无法忍受。吃一小条生“魔鬼辣椒”就能使人涕泪横流。一整根“魔鬼辣椒”简直是对感觉器官的极大摧残，感觉就像是在喝由电池溶液和玻璃碎片调成的鸡尾酒一样。

最奇特的结果习性

陆地上的植物，几乎都在地上开花，地面上结果，唯独花生是在地上开花，地面下结果，所以人们叫它落花生。

花生幼苗出土以后，经过 18～25 天，就开始开花。在傍晚的时候，慢慢地显露出黄色花朵，到次日早晨 7 点钟左右，花朵开放，当天就凋萎。开花以后的第四天，它的子房柄伸长，向土下生长，大约经过 50 天，果实便成熟了。

花　生

花生最古怪的脾气，就是一定要在黑暗的环境里，它的果实才能长大；如果暴露在有光的空气中，它就不结果。有人曾经做过试验，如果把已经入土的果针弄出来，它再入土的能力就减弱了。假如把已经形成的小果实挖出来，它就不再钻进土，并且不能正常生长，果壳变成淡绿色，形状象橄榄。要是在果针没有钻进土壤以前，我们用不透光的东西，把结果的部分包扎起来，它也能结成果实。从以上试验证明，要使花生果实长得好，首先要给它一个黑暗的环境。

另外，花生果具有很高的营养价值，内含丰富的脂肪和蛋白质。据测定花生果内脂肪含量为44%～45%，蛋白质含量为24%～36%，含糖量为20%左右。并含有硫胺素、核黄素、尼克酸等多种维生素。矿物质含量也很丰富，特别是含有人体必须的氨基酸，有促进脑细胞发育，增强记忆的功能。

最古老的被子植物

迄今已知最古老的被子植物，为双子叶植物纲的一属，含两种：辽宁古果及中华古果。化石于20世纪90年代发现于中国辽宁北票黄半吉沟晚侏罗世尖山沟组，有世界最早的花之称。

中华古果、辽宁古果已经具备了花的基本特征，有花蕊，豌豆大小果实8～12粒，一块最大的“中华古果”化石上果实、雄蕊、枝叶、根须清晰可见，而且是雌雄同体。

古果根据其茎纤细、叶片细而深裂、叶柄基部多膨凸等特征说明为水生。生殖枝分枝，枝上螺旋着生果及成对出生的雄蕊。雄蕊位于心皮之下，每个雄蕊具一短的花丝及一枚花药。原位花粉小，多近椭圆形，具单沟，表面有网状装饰。复合叶小而扁平，多次分裂，每个裂皮具一细中脉，侧脉不清。古果的胚珠被心皮包藏，雄蕊中有原位花粉。

古果化石

中华古果和辽宁古果这一晚侏罗世被子植物在中国的发现，将人们对被子植物起源时间的认识至少提前了1500万年。辽宁西部地区在远古时代曾经是一片河湖密布的地域，树木茂盛、鸟语花香，多种生物在此繁衍生息。由于周期性的火山喷发及当地特殊的地质结构，使得大量古生物化石在此地保存完好，这一化石群被国际学术界称为“热河生物群”，孔子鸟、华夏鸟、“世界最早的花”等的发现都令世界瞩目。

最名贵的香料植物

花儿怎么会有香气呢？这是因为花瓣里含有一种芳香油，当它的分子扩散到空气里，空气里就有了香味。

香花不但使人闻着舒服，有些还有很大的经济价值，可以用来熏茶和制造香精。茉莉花茶是大家爱喝的，它清香可口，还有点甜滋滋的味道。如果从茉莉花里提炼出茉莉油，用来制造香脂、香精和药品，价值就更大了。在国际市场上，1千克茉莉油的价格差不多相当于1千克黄金。

玫瑰

提炼芳香油的植物，除了茉莉花外，还有很多种。如玫瑰、蔷薇、桂花、白兰花以及香叶天竺葵、香樟、山苍子等。其中最名贵的要算是玫瑰花。因为用玫瑰花提炼的玫瑰油价格最高，1千克的玫瑰油差不多值4千克黄金。玫瑰油的香味也最浓，用两滴玫瑰油，就能制成1升高级香水。但是，提炼1千克玫瑰油，得用500千克玫瑰花瓣。

随着科学的发展，人们不仅能从花瓣中提炼香精，还学会了用化学方法来制造香精。在百货商店的橱窗里，有许多用小瓶装的玫瑰香精、橘子香精、苹果香精等等。如果你以为它们都是从玫瑰花或水果中提炼出来的，那就错了。它们大都用化学方法合成的。这些香精的气味和鲜花水果简直没有差别。用化学方法合成香精，既方便又经济，可以大规模生产。

最耐旱的种子植物

植物体内最多的是水分。一般植物在生长期间所吸收的水量，相当于它自己体重的300～800倍。一株向日葵，一个夏天要喝250千克左右的水。一株玉米，一个夏天也要消耗200多千克。蔬菜需要的水就更多了。如果一亩地长了1500千克白菜，就要消耗120万千克左右的水。

在自然界里，也有一些植物在长期干旱的环境里，照样能生长、繁殖。这些植物的器官适应干旱的能力很强。例如沙漠中的仙人掌、仙人球等。有人做过一个有趣的试验：把一棵37千克重的仙人球放在室内，一直不浇水。过了6年，仙人球仍然活着，而且还有26.5千克重。

比仙人球更耐干旱的植物是生长在非洲沙漠里的沙那菜瓜，有人把它贮藏在干燥的博物馆里，整整8个年头，它不但没有干死，还在每年的夏天长出新芽。在这8年中，仅仅是重量由7.5千克减少到3.5千克。这种耐旱的本领，在所有的种子植物中无疑是冠军了。

最耐盐碱土的植物

我们居住的陆地，在远古时候，有很多地方原来是海洋。后来陆地上升，海水干涸，但海水里的盐分仍旧留在土壤里。这些盐碱，是植物生长的大敌。

一般来说，土壤里的含盐量在0.5%以下，可以种普通的庄稼；在0.5%～1%之间，只有少数耐盐性强的作物，如棉花、苜蓿、番茄、甜菜等才能生长。含盐量超过1%以上的土壤，农作物就很难生长，只有少数耐盐性特别强的野生植物能够生长。

世界上最著名的耐盐植物是盐角草。它能生长在含盐量高达0.5%～6.5%高浓度潮湿盐沼中。这种植物在我国西北和华北的盐土中很多。盐角草是不长叶子的肉质植物，茎的表面薄而光滑，气孔裸露出来。植物体内含水量可达92%，所含的灰分可达鲜重的4%，干重的45%。这些灰分是工业上有用的原料。

盐角草

盐角草为一年生低矮草本植物，高3～10厘米，植株常发红色，茎直立，自基部分枝，直伸或上升，小枝肉质，叶肉质多汁，几乎不发育，近圆球形，长2～3毫米，灰绿色，基部下延，抱茎或半抱茎，成叶鞘状，仅在顶部呈近圆球形突起穗状花序，长1～2.5厘米，直径3～4毫米，互生于近圆球形突起的苞叶叶片中，每苞叶聚生3朵花，花基部稍联合。

盐角草由于体内所含的盐分高，体液的浓度大，所以最能适应在盐土上生长。

感觉最灵敏的植物

一只蚊子叮在马身上，马会摇头摆尾驱赶蚊子，这是因为动物有灵敏的感觉。

植物究竟有没有感觉呢？夏天的早晨，向日葵露出笑脸，迎接东方初升的朝阳；傍晚，太阳下山了，它又面向西方，跟太阳告别。它从早到晚跟着太阳转来转去。合欢的小叶子一见到阳光就舒展开来，到了夜幕降临的时候，又自动闭合起来。把一盆含苞欲放的郁金香，从比较冷的地方移到温暖的地方，几分钟内就会盛开。这说明植物受到光、温度等刺激后，会产生各种不同的反应。

毛毡苔

如果你用手轻轻碰一下含羞草，它的叶子会很快闭合。触动它的力量大一些，它连枝带叶都会下垂。有人研究过，含羞草在受到刺激后0.08秒钟内，叶子就会合拢，而且受到的刺激还能传导到别处，传导的速度最快每秒钟达10厘米。在印度有一种植物，人和动物一走近它，它就立即把叶子卷起来。即使你步子很轻，它也能锐敏地感觉到。

感觉最灵敏的要算那些“吃”虫植物。达尔文曾经作过一次试验，他把一段长11毫米的细头发丝，放在毛毡苔的叶子上，叶子上的绒毛也能立即感觉到，马上卷曲起来把头发按住。还有人把0.000003毫克的碳酸铵（一种含氮的肥料）滴在毛毡苔的绒毛上，它也能立刻感觉到。这样微小的重量，一般动物是无论如何感觉不到的。这可是感觉最灵敏的植物了。

毛毡苔属茅膏菜科，主要生长于潮湿多沼泽地区的沙质酸性土壤，花小，白色或淡粉红色，直径最大有1.25厘米，叶缘、扁平，叶表面布满一层具腺体的毛，腺体会分泌一种吸引昆虫的黏性物，当昆虫被吸引前来取食时，会被叶面上可弯曲的触毛所捕获，随即叶席卷，触毛分泌酵素将其消化后，叶又张开再布罗网。

方向感最好的草类

如果你到广阔的内蒙古大草原旅游，那里美丽的草原景色迷住了你，你不幸迷了路。正在那儿放牧的蒙古族牧民一定会告诉你："只要看看指南草所指的方向就知道了。"

指南草

"指南草"是人们对内蒙古草原上生长的一种叫野莴苣的植物的称呼。一般来说，它的叶子基本上垂直地排列在茎的两侧，而且叶子与地面垂直，呈南北向排列。

在内蒙古草原上，草原辽阔，没有高大的树木，人烟稀少。一到夏天，骄阳火辣辣地烤着草原上的草，特别是中午时分，草原上更为干燥，水分蒸发也更快。在这种特定的生态环境中，野莴苣练就了一种适应环境的办法：它的叶子，长得与地面垂直，而且排列呈南北向。这种叶片布置的方式，有两个好处：一是中午时，亦即阳光最为强烈时，可最大程度地减少阳光直射的面积，减少水分的蒸发；二是有利于吸收早晚的太阳斜射光，增强光合作用。科学家的考察发现，越是干燥的地方，其生长着的指南草指示的方向也越准确。其道理是显而易见的。在草原或沙漠上旅游，如果了解了指南草的习性，就不会迷路了。

另外，在墨西哥的崇山峻岭中，也生长着一种奇特的“指南草”。其叶片总呈南北方向，因而当地土著居民在狩猎时均靠指南草辨别方向。

最奇妙的吃虫植物

吃动物的植物，全世界有500多种，其中猪笼草的捕虫器最精巧复杂。

猪笼草大多数生长在印度洋群岛、马达加斯加、斯里兰卡、印度尼西亚等潮湿的热带森林里，我国广东、云南等省也有这种植物。

猪笼草

猪笼草吃虫，全靠它奇特的叶子。它的叶片中脉伸出去变成卷须，可以攀附着别的东西向上升。卷须的顶部生出一个囊状物，好像奶瓶子一样，口上有一个盖，能开也能关。瓶口边缘向内卷，瓶内有半瓶子水液。瓶口内壁能分泌又甜又香的蜜汁，贪吃的小昆虫闻到香味就会爬过去吃蜜。也许就在它们吃得正得意的时候，脚下突然一滑，一头栽到瓶中，被水液粘住了，再也无法逃命。于是猪笼草得到了一顿美餐。

种植猪笼草的主要目的是用作观赏的，而观赏的焦点是它的捕虫器——“笼子”，笼子色彩鲜艳，造型奇特，是非常精致奇妙的捕虫工具，具有极高的观赏价值。不同的品种，笼子形态各异，即使是同一棵多数也能长出两种不同形态的笼子，一般生长于下部的笼子较胖、较圆、较大，称之为低位笼或下位笼，生长于上部的笼子较长、较细、偏向于漏斗状，称之为高位笼或上位笼。笼的口缘外翻，并有一条条光滑的凹槽伸向笼口内缘，当昆虫滑落时可起到导向作用。

苹果猪笼草

笼口的上部长有顶盖，可防止雨水或其他杂物落入笼中，并可阻挡上部射入的光线，迷惑落入笼中的昆虫使其找不到出口。也有个别的猪笼草如苹果猪笼草，顶盖窄长并外翻，使笼口可接到从上面掉落的鸟粪、雨水等。在笼子的表面笼盖的对侧，常会有两条平行的翼，从笼口延伸，向下汇集于笼底，它的功能也许是方便昆虫等小动物从笼子的底部攀爬至笼口，是整个完美的“死亡陷阱”的一部分。

其它吃虫植物如茅膏菜、毛毡苔、捕蝇草等，虽然也能捕捉昆虫，但它们的捕虫工具，远不及猪笼草的精巧复杂。

最著名的除虫植物

除虫菊是菊科多年生草本植物，有着菊科植物的淡雅、清新与别致。然而这样美丽的植物却偏偏是蚊虫等害虫的致命克星。原来，除虫菊中含有除虫菊素和灰菊素，除虫菊素又称除虫菊酯，是一种无色的黏稠的油状液体，当蚊虫接触之后，就会麻痹，中毒而死。

除虫菊全株浅银灰色，被贴伏绒毛，叶下面毛更密。茎单生或少数簇生，不分枝或分枝。叶银灰色，有腺点，基生叶长 10～20 厘米，有长叶柄，叶片卵形或矩圆形，沿有翅的羽轴羽状全裂，一回羽片或掌状再浅裂或深裂，末回羽片条形至矩圆状卵形，顶端钝或短渐来。头状花序单生茎枝顶端，排成疏散不规则伞房状，异形；外层总苞片无膜质边缘异色，内层总苞片有宽而光亮的膜质边缘，顶端有加宽的附片；舌状白花。瘦果有5~7条纵肋。

除虫菊

除虫菊喜干燥，宜于排水良好的中性或微碱性砂质壤土。不宜连作。用种子繁殖。喜光照、凉爽气候，适应性强。

除虫菊不仅能够灭蚊虫，还是消灭果蔬害虫的好帮手。正因为如此，它和烟草、毒鱼藤被亲昵地合称为“三大植物性农药”。

品质最好的纤维植物

植物纤维是广泛分布在种子植物中的一种厚壁组织。它的细胞细长，两端尖锐，具有较厚的次生壁，壁上常有单纹孔，成熟时一般没有活的原生质体。植物纤维在植物体中主要起机械支持作用。

苎麻纤维

中国利用植物纤维，特别是苎麻和大麻的历史很早，在新石器时期的土陶器上已有麻布的印纹。《诗经》中已有沤纻（沤制苎麻）的记载：“东门之地，可以沤纻”（《陈风》）。植物纤维与人类生活的关系极为密切，除了日常生活必需的纺织用品以外，绳索、包装、编织、纸张、塑料以及炸药等，也都需要植物纤维作原料。

在各种植物纤维中，苎麻纤维品质最好。它的纤维细胞最长，达 620 毫米，而且坚韧，富有光泽，染色鲜艳，不容易褪色。纯纺或混纺成各种粗细布料，既美观又耐用。苎麻纤维的抗张力强度要比棉花高 8 ~9 倍，可以做飞机翼布、降落伞的原料以及制造帆布、航空用的绳索、手榴弹拉线、蜡线、麻线等各种绳索。苎麻纤维在浸湿的时候，强度特别增大，吸收和发散水分快，而且具有耐腐、不易发霉的特性，是制造水龙带、防雨布、鱼网等的好材料。苎麻纤维散热也快，不容易传电，因此，可以做轮胎的内衬，电线的包皮，机器的转动带等。

我国栽培苎麻历史悠久，从唐朝的时候已经能充分利用苎麻纤维。现在我国的苎麻，不论是栽培面积还是总产量都占世界第一位。

最能贮水的草本植物

茫茫的沙漠中，气候特别干燥炎热，一年的降雨量很少，一般不超过 25 毫米，有的地方甚至整年不下雨。

生长在这些地区的植物，对于干旱有很大的适应能力。有“沙漠英雄花”美名的仙人掌，就有惊人的忍受干旱的能力，这是因为它有特殊的贮存水分的本领。特别是墨西哥沙漠中的巨柱仙人掌，长得像一根分叉的大柱子，通常有六七层楼那样高，粗得一个人都抱不拢。有趣的是在它那

巨柱仙人掌

巨大的身躯里，竟贮存着一吨以上的水。当地过路人常常砍开这种仙人掌，取水解渴，喝个痛快。草本植物里的芦荟、龙舌兰、四季海棠等，它们都有贮存水分的本领，可是没有一种能像巨柱仙人掌那样，贮存这么多的水分。巨柱仙人掌的确是最能贮水的草本植物。

为了适应干旱的沙漠环境，巨柱仙人掌的叶子已经退化成针刺，这样可以减少水分的蒸发。它有着又深又广的根系，稍有一点雨水，就大量吸收。它的茎生得厚厚的，因此能贮得住大量的水分，成了个小水库。这些，就是巨柱仙人掌能大量贮水的秘密。

双子叶木本植物类

根最深的植物

漂浮在池塘水面的浮萍，它的根不到 1 厘米。水稻的根大都在 20 厘米深的土层内。棉花算是深耕作物了，最深的根也只有 2 ~2.2 米。一般树木的根有多深呢？俗话说：“树有多高，根有多深。”这个说法有一定的根据，但不够准确。比如，在非洲沙漠里，有一种灌木叫有刺阿康梭锡可斯，高和人差不多，全身不长一张叶子，可是根长达 15 米。一般地说，水生和湿生的植物，根长得短而浅；旱生和沙漠里的植物，根长得长而深。

世界上根长得最深的植物，在南非奥里斯达德附近的回声洞，那里有一株无花果树，估计它的根深入地下有 120 米，要是挂在空中，有 40 层楼那么高。这是生长最深的根了。

无花果

无花果为落叶灌木或乔木，高达 12 米，有乳汁。干皮灰褐色，平滑或不规则纵裂。小枝粗壮，托叶包被幼芽，托叶脱落后在枝上留有极为明显的环状托叶痕。单叶互生，厚膜质，宽卵形或近球形，长 10 ~ 20 厘米，3 ~ 5 掌状深裂，少有不裂，边缘有波状齿，上面粗糙，下面有短毛。肉持花序托有短梗，单生于叶腋；雄花生于瘿花序托内面的上半部，雄蕊 3；雌花生于另一花序托内。聚花果梨形，熟时黑紫色；瘦果卵形，淡棕黄色。花期 4 ~ 5 月，果自 6 月中旬至 10 月均可成花结果。

树冠最大的树

榕树为桑科榕属乔木，原产于热带亚洲。榕树以树形奇特，枝叶繁茂，树冠巨大而著称。枝条上生长的气生根，向下伸入土壤形成新的树干称之为“支柱根”。榕树高达 30 米，可向四面无限伸展。其支柱根和枝干交织在一起，形似稠密的丛林，因此被称之为“独木成林”。

俗话说，“大树底下好乘凉”。你知道什么树可供乘凉的人数最多？这要数孟加拉的一种榕树，它的树冠可以覆盖 15 亩左右的土地，有一个半足球场那么大。

孟加拉榕树不但枝叶茂密，而且它能由树枝向下生根。这些根有的悬挂在半空中，从空气中吸收水分和养料，叫“气根”。多数气根直达地面，扎入土中，起着吸收养分和支持树枝的作用。直立的气根，活像树干，一棵榕树最多的可有 4000 多根，从远处望去，像是一片树林。因此，当地人又称这种榕树为“独木林”。

孟加拉榕树

据说曾有一支六七千人的军队在一株大榕树下乘过凉。当地人们，还在一棵老的孟加拉榕树下，开办了一个人来人往、熙熙攘攘的市场。世界上再没有比这再大的树冠了。

花期最长的植物

每一种植物，花期长短是不一样的。例如：棉花从第一朵花开放到最后一朵花凋谢，整株棉花要开几个月；桃花、杏花开半个月左右；丁香、紫荆能开一个多月；茄子、番茄能开三四个月；玫瑰、月季能连续开花半年多；开花期最长的是生长在热带的可可、桉树等，它们是四季常青，终年开花。

美丽的可可花给你带来感官的刺击，而蕴含着可可碱和微量可卡因的可可豆带给你的却是精神的亢奋。没有理由否认将可可花称之为“爱之花”。可可树命名是希腊语，意译是神的恩赐。桉树花，色彩绚丽，给人以闲适宁静、温雅洁净的感觉。

可可花

植物开花期的长短与生长条件有很大的关系。如果我们培育得当，就可以延长开花期。例如在下霜前把番茄移进温室，整个冬天也会开花结果。

果实最大的植物

世界上最大的果实恐怕要数木菠萝，因为搬动它需要动用起重机械。

一颗木菠萝果实可长到0.9米长，重量可达36千克，这重量足以压断细弱的树枝。幸好这种巨大的果实并不是结在树枝上，而是由短而坚韧的柄与树干直接相连。俗话说“人不可貌相”，同样，木菠萝的好坏也不应仅仅从外表上判断，虽然木菠萝的果实具有粗糙的表皮，然而一旦成熟，这种果实的味道却是十分甜润爽口的。

桉树花

木菠萝又名苞萝、树菠萝、菠萝蜜、大树菠萝、蜜冬瓜、牛肚子果，隋唐时从印度传入中国，称为“频那挲”，宋代改称菠萝蜜，沿用至今。它是世界著名的热带水果，属桑科桂木属常绿乔木。原产于热带亚洲的印度，在热带潮湿地区广泛栽培。现在盛产于中国、印度、中南半岛、南洋群岛、孟加拉国和巴西等地。我国岭南的海南、广东、广西、云南东南部及福建、重庆南却有栽培。

木菠萝的果实

菠萝蜜春季开花，果实成熟于夏秋季节，成熟时香味四溢，分外诱人；果实大若冬瓜，形如牛肚、皮似锯齿，肚里黄灿灿的果肉浓香味美。菠萝蜜的浓香可谓一绝，吃完后不仅口齿留芳，手上香味更是洗之不尽，余香久久不退。连嘴馋的小孩子都知道，偷吃了菠萝蜜，是瞒不过大人的。为此，菠萝蜜又有一个好听的名字——“齿留香”。另外，菠萝蜜的树一般比较高大，老树的根茎甚至是横跨马路的，长达十几米也是正常的，并且常有突出到地面，简直可以当长凳坐。

菠萝蜜中的糖类、蛋白质、脂肪油、矿物质和维生素对维持机体的正常生理机能有一定作用。服用菠萝蜜后能加强体内纤维蛋白的水解作用，可将阻塞于组织与血管内的纤维蛋白及血凝块溶解，从而改善局部血液、体液循环，使炎症和水肿吸收、消退，对脑血栓及其它血栓所引起的疾病有一定的辅助治疗作用。

果实最酸的植物

我国华北、西北及西南山区和丘陵地带生长着一种植物，名叫醋柳，每至秋日，果实成熟之时，每当运往城里出售时，儿童争相购买，热闹非凡。醋柳虽未登上水果店的大雅之堂，却为何如此受到宠爱？原来，醋柳的枝上结着鲜黄或橙红的鲜艳果实，十分诱人。果实为小浆果，大小如同豌豆，一个挨一个密集地长在枝上，可以像糖葫芦那样食用。其果酸中带甜，汁浓味美，有菠萝或酸桔的风味，有些人特别爱吃。

醋柳果

醋柳果实极酸，而叶似柳，因此得名。它又称沙棘，是一种落叶灌木或小乔木，高达10米，属胡颓子科，这科植物共有50多个成员，多数成员适应性很强，能在沙荒盐碱地上生长，是防风固沙的先锋树种。具粗壮棘刺；枝幼时密被褐锈色鳞片。叶互生，线形或线状披针形，长2~6厘米，宽0.4~1.2厘米，两端钝尖，下面密被淡白色鳞片；叶柄极短。花先叶开放，雌雄异株；短总状花序腋生于头年枝上，花小，淡黄色，花被2裂；雄花花序轴常脱落，雄蕊4；雌花比雄花后开放，花被简囊状，顶端2裂。果为肉质花被管包围，近于球形，橙黄色，径0.5~1厘米。花期3~4月。果期9~10月。

醋柳越来越受到人们的重视，原因是经科学分析，发现醋柳里含有极为丰富的营养物质。尤其是维生素C、维生素E、维生素A和K等的含量很高，是所有瓜果蔬菜中含量第二高的（猕猴桃含量第三高）。因此，是生产浓缩维生素c食品的优质原料。

最老的栽培桑树

桑树是一种自然适应性很强的长寿树种，像我国南方的榕树，北方的银杏、松柏等那样，自然寿命可长达千年以上。但是，目前千年古桑已极罕见，就是生长了数百年的老桑也很少见了。

据调查，我国全国有据可查的千年古桑仅有1株，现今幸存在福建省泉州市。生长数百年之久的老桑可以列举出的有：四川峨嵋山海拔1200米处的“观心波”，有一株树围3.84米、树高40米左右的古桑，据记载它已有六七百年之久；河北承德市郊棒锤山峰腰石隙中着生一株奇特的老桑，据有关部门查考，它也有三四百年之久；山东临朐县城关公社有一株明代晚期的老桑，目前生长仍很旺盛。此外，在河北东光县有成片的百年以上的棋子桑。这些古桑都有它自身的一段佳话。这里仅介绍泉州千年古桑的一段佳话。

千年古桑

故事发生在佛教盛行的唐代。传说古城泉州有一个地主，有一天有个和尚柬求见他，说是看中了他家的一块桑园地，求他施舍这块地，建造寺院。地主一听说和尚打起他的主意，心里很不高兴。不过，在盛唐时期，和尚是享有特权的人物。所以，他只好强作笑颜迎着说："大师傅明鉴，此乃祖传宝地。先祖有言，有朝一日桑枝并蒂莲开，若能应验，理当舍献皈衣"。和尚听罢道："幸勿食言"。地主答道："决无戏言"。那和尚哈哈一笑，说了声"善哉"，便扬长而去。三天后，有僮仆来报说，桑枝上开出了朵朵白莲花。地主一听大为震惊。忙到桑园验看，果真不错。地主不敢违约，不得不献出了这块桑园，建成了一所规模宏大的寺院，就取名叫"桑莲禅寺"。现今寺内尚存的一株古桑是当年留下的。

最稀有的金茶花

山茶花是我国特产的传统名花，也是世界性的名贵观赏植物。据统计，总数约有 220 种。而经自然杂交及人工培育的品种当在数千种以上。但以前，人们没有见到过花色金黄的种类。1960 年，我国科学工作者首次在广西南宁一带发现了一种金黄色的山茶花，被命名为金花茶。

金茶花

金花茶的发现轰动了全世界的园艺界，受到国内外园艺学家的高度重视。认为它是培育金黄色山茶花品种的优良原始材料。

金花茶属于山茶科山茶属，与茶、山茶、南山茶、油茶、茶梅等为孪生姐妹。金花茶为常绿灌木或小乔木，高 2～5 米，其枝条疏松，树皮淡灰黄色，叶深绿色，如皮革般厚实，狭长圆形。先端尾状渐尖或急尖，叶边缘微微向背面翻卷，有细细的质硬的锯齿。金花茶的花金黄色，耀眼夺目，仿佛涂着一层蜡，晶莹而油润，似有半透明之感。金花茶单生于叶腋，花开时，有杯状的、壶状的或碗状的，娇艳多姿，秀丽雅致。金花茶果实为蒴果，内藏6~8粒种子，种皮黑褐色，金花茶4~5月叶芽开始萌动，新叶2~3年以后脱落。11月开始开花，花期很长，可延续至第二年3月。

金花茶喜欢温暖湿润的气候，多生长在土壤疏松、排水良好的阴坡溪沟处，常常和买麻藤、藤金合欢、刺果藤、楠木、鹅掌楸等植物共同生活在一起。由于它的自然分布范围极其狭窄，只生长在广西南宁市的邕宁县海拔100~200米的低缓丘陵，数量很有限，所以被列为我国一级保护植物。

金花茶还有较高的经济价值。其花除作观赏外，尚可入药，可治便血和妇女月经过多，也可作食用染料。叶除泡茶作饮料外，也有药用价值，可治痢疾和用于外洗烂疮；其木材质地坚硬，结构致密，可雕刻精美的工艺品及其他器具。此外，其种子尚可榨油、食用或工业上用作润滑油及其他溶剂的原料。

金茶花为山茶科、山茶属、金花茶组、金花茶系植物，与中国名茶同科属，是国家8种一级保护植物之一。有很高的观赏、科研和开发利用价值，素有“植物界的大熊猫”、“茶族皇后”之称，在国际上负有盛名。

香气飘逸最远的花

世界上最香的花和香气传得最远的花都要算“十里香”，它一种白色的野蔷薇。原产云南省昆明市金马区十里铺，是云南栽培的小叶种之一。

“十里香”为常绿性灌木，全株平滑，株高4~5米，枝叶繁密，奇数羽状复叶，小叶互生7~9枚，互生而没有叶柄，倒卵形或卵状椭圆形，叶先端为钝凹状，没有托叶，基部歪型，叶透光具油点。全年能开花，花期以夏、秋季为主，约5~10月。短撒房花序，顶生或腋生，白色花冠钟形为五瓣，长椭圆形，长约12厘米，径约10厘米，熟时红褐色，具芸香料特有的浓郁香气。花后结果，种子2颗，果实卵形或长椭圆形，未熟果是青绿色，成熟后转成朱红果实，可做为药材，木质细嫩而坚硬，可做为印材。播种或扦插繁殖 。属阳性植物，日照充足枝叶繁茂，荫蔽处易徒长。

“十里香”树姿半开张，分枝密，叶长椭圆或披针形，叶色较暗绿，叶面微隆起，叶质中等。芽叶黄绿色，有茸毛，百芽重39克。产量较高。结实力较弱。适制绿茶。“十里香”是云南传统名茶之一，有“一杯十里香，满屋都飘香”之美誉。该茶特点是，条索紧细油润，香气高鲜，滋味醇爽，与用大叶茶制的滇绿，风格迥异。抗寒性较弱，适合云南制高档绿茶的地区种植。以扦插育苗为宜。

“十里香”

最大的杜鹃品种

杜鹃花属常绿大乔木，是世界珍稀高大型花木，是国家二级保护植物。云南高黎贡山的大树杜鹃，是世界杜鹃花中最为高大的品种，最早为英国传教士傅礼士1919年发现，雇人从高黎贡山上砍了一株高25米，茎围2.6米，树龄280年的大树杜鹃，锯走木材圆盘标本，陈列于大英博物馆。1983年腾冲县林业局又在产地发现了更大的一株，高25米，茎围3米多，树龄在500年以上。

大树杜鹃树高一般为20～25米，树茎部的最大直径达3.3米。褐色的树皮，剥落得左一片右一片，显得斑斑驳驳，饱经沧桑。小枝粗壮，上面被有短毛，叶子又厚又大，有椭圆形、长圆形和倒坡针形等形状。叶子下面被毛，长大后逐渐脱落。2月～3月开花，伞形花絮。花的颜色为蔷薇色中并略微带紫的绚丽色彩，花萼为线裂的盘状，上面有小齿状裂纹。雄蕊

大树杜鹃

16 枚，极不等长，子房 16 室，上面也被绒毛。到了 10 月，它就结出长圆柱的木质蒴果，上面有棱，被有深褐色的绒毛。

大树杜鹃在分类上隶属于双子叶植物钢、杜鹃花目、杜鹃花科。杜鹃花科植物全世界共有 1300 多种，遍布于全球各地，但以亚热带山区为最多，我国约有 700 多种，分布在全国各地，但以西南地区的山地森林中为多，所以这一地区被认为是世界杜鹃类植物的分布中心。杜鹃花不但位居我国三大著名自然野生名花——杜鹃花、报春花、龙胆花之首，也是当今世界上最著名的花卉之一，有“花中两方色”的美誉。在全世界 800 多个品种中，我国就有 650 多个。不同种类的杜鹃高高矮矮相差很大、小的种类身高不到 1 米，而大的种类如大树杜鹃，高达数 10 米。

由于大树杜鹃是如此地珍贵而稀少，所以被列为国家亚组合保护植物。

最大的香果树

位于湖北神农架自然保护区境内海拔 850 米的的香果树，树龄约 400 余年，树高 35 米，胸径 2 米，枝下高 4 米，树冠覆盖面积达 2000 平方米。大树旁有一根脱离了母体的香果树大枝（雷击下来的），就是一辆东风汽车也拖不走它。它那庞大的树冠，有如一把巨伞，山风刮过，巨伞轻轻摇动。大树粗大的茎干上，生长着许多槲寄生植物，叶片苍翠欲滴，用大树的营养塑造自身的美丽；根上长满青苔，显出了大树的古老。如今，这株大树仍在年年开花，装点着神农架的秋色。

香果树高可达30米，树皮呈小片状剥落，小枝有皮孔和托叶环。叶对生，厚纸质，宽椭圆形至宽卵形，长15~20厘米，宽8~14厘米。先端急尖或短渐尖，基部楔形，全缘，上面无毛，下面中脉、侧脉和脉腋内有淡黄色柔毛或近无毛，或有时全有毛；叶柄长，初时红色；托叶大，三角状卵形，早落。聚伞花序排成顶生，疏散的大型圆锥花序状；花较大，淡黄色，有短梗；花萼近陀螺形，萼5裂，裂片顶端截平，花后脱落，但有些花的萼裂片中有1片扩大成叶状，色白而宿存于果实上；花冠漏斗状，长约2厘米，被柔毛；蒴果近纺锤形，长3~5厘米，具纵棱，成熟时红色，室间开裂为2果瓣；种子多数，小而有阔翅。

香果树

香果树为茜草科落叶大乔木，古老孑遗植物，中国特有单种属珍稀树种，分布于江苏南部、安徽东南部和西南部、浙江东南部和西部、福建北部和中部、江西东部和西部、湖南西南部和西北部、湖北西部和西南部、四川东部和中南部、河南南部、陕西南部、甘肃东南部、广西东北部和西北部、贵州东北部和西南部、云南东南部和西北部。在神农架林区主产于南部海拔600~1400米的山坡

香果树的果实

或山沟边林中。

香果树喜深厚湿润肥沃土壤。那株世界上最大的香果树就是长在湿润肥沃的山坡上，旁边有一条小溪流过。具有了这么好的生长条件，香果树才有了今天的模样。

茎干最粗的树

植物界的有些大树，茎干很粗，几个人也抱不过来。如美洲加利福尼亚产的巨杉，又名世界爷。可高达142米，其最粗的直径有12米，从树干下部开个隧道，可以通汽车，可算是树中巨人了。但是，以树干的粗细来说，与非洲东部热带草原里的波巴布树相比，就不算粗了。波巴布树的直径超过12米，要20个人手拉手才能围一周。不过这种树长得不高，一般不超过10多米，像个矮胖子，所以又叫大胖子树。

波巴布树

大胖子树体内的细胞，含水量很多，虽然很粗，却并不坚硬。由于当地的气候原因，一年中有八九个月干旱，干旱的时候，树木没有叶子，等到雨季，它才抽叶开花，尽量吸收雨水，贮藏起来，以适应旱季中干旱的环境。

由于树粗而空心，人们常把它当作房子来居住。下雨时草原上的兽类也常到空心树里避雨。这种树的果实，猴子爱吃，因此，又叫猴面包树。猴面包树的长相非常奇特，对此还有一个古老的传说：当波巴布树在非洲“安家落户”时，它不听“上帝”的安排，自己选择了热带草原，因而激怒了“上帝”，便把它连根拔了起来，从此波巴布树就倒立在地上，变成了一种奇特的“倒栽树”。直到今天，它仍稀疏地分布在非洲的热带草原上，成为那里的特有风景。

除了非洲，地中海、大西洋和印度洋诸岛，澳洲北部也都可以看到猴面包树。不管长在哪儿的猴面包树，树干虽然都很粗，木质却非常疏松，可谓外强中干、表硬里软。这种木质最利于储水，因此它有独特的“脱衣术”和“吸水法”。

花朵最小的树

花最小的树是无花果。我们常说无花果，其实属有花果，只是它的花要用显微镜才能看得清楚。

无花果为落叶灌木或乔木，高达 12 米，有乳汁。干皮灰褐色，平滑或不规则纵裂。小枝粗壮，托叶包被幼芽，托叶脱落后在枝上留有极为明显的环状托叶痕。单叶互生，厚膜质，宽卵形或近球形，长 10 ~ 20 厘米，3 ~ 5 掌状深裂，少有不裂，边缘有波状齿，上面粗糙，下面有短毛。肉持花序托有短梗，单生于叶腋；雄花生于瘿花序托内面的上半部，雄蕊 3；雌花生于另一花序托内。聚花果梨形，熟时黑紫色；瘦果卵形，淡棕黄色。花期 4 ~ 5月，果自 6 月中旬至 10 月均可成花结果。人们都以为无花果没有花，其实无花果并不是没有花，只是它的花人们看不到而已，所以，人们才把它叫做“无花果”。据科学家研究，无花果有花但是花很小。

无花果树

无花果原产阿拉伯南部，后传入叙利亚、土耳其等地，目前地中海沿岸诸国栽培最盛。无花果是人类最早栽培的果树树种之一，从公元前 3000 年左右至今已有 5000 多年的栽培历史。古罗马时代有一株神圣的无花果树，因为它曾庇护过罗马创立者罗募路斯王子，躲过了凶残的妖婆和啄木鸟的追赶，这株无花果后来被命名为”守护之神“。在地中海沿岸国家的古老传说中，无花果被称为“圣果”，作祭祀用果品。

最新考古证实人类种植无花果的历史已达1万年之久。更有趣的是，古今中外许多专家学者长期研究考察推断，无花果正是《圣经·旧约》中“亚当夏娃”偷吃的智慧果；而无花果那美丽宽大的叶片，则自然成为《圣经》里描述的人类第一套服装。

无花果大约在唐代传入我国，至今约有1300年。目前除东北、西藏和青海外，我国其他省（区）均有无花果分布。虽然分布面广，但集中成片的极少，大多零星分布。国内的主要分布地区为新疆、山东、江苏、广西等地。目前全国的栽培总面积约4.5万亩，只相当于苹果栽培面积的1/1220，柑桔栽培面积的1/420，属目前国内栽培面积最小的果树种类之一。因此，虽然无花果的栽培利用历史悠久，但是由于栽培面积极小，我们也把它列入第三代水果的范畴，且有极其广阔的发展空间。

无花果除鲜食、药用外，还可加工制干、制果脯、果酱、果汁、果茶、果酒、饮料、罐头等。无花果干无任何化学添加剂，味道浓厚、甘甜，在国内外市场极为畅销。无花果汁、饮料具有独特的清香味，生津止渴，老幼皆宜。无花果树枝繁叶茂，树态优雅，具有较好的观赏价值，是良好的园林及庭院绿化观赏树种。它当年栽植当年结果，是最好的盆栽果树之一。如果大力开发无花果盆景，效果将十分明显，是目前利润率最高的盆栽果树之一。

世界最粗的树

在欧洲有这样一个有趣的传说：古代阿拉刚国王和王后，一次带领百骑人马，到地中海的西西里岛的埃特纳山游览，忽然天下大雨，百骑人马连忙躲避到一颗大栗树下，树荫正好给他们遮住了雨。因此，国王把这颗大栗树命名为“百骑大栗树”。

百骑大栗树又叫“百马树”，生长在地中海西西里岛的埃特纳火山的山坡上。它的树干直径达17.5米，周长有55米。它不仅是世界上最粗的树木，也是最粗的植物，需30多个人手拉着手，才能围住它。树下部有大洞，采栗的人把那里当宿舍或仓库用，这的确是世界上最粗的树。

“百骑大栗树”

百骑大栗树究竟有多粗呢？据记载，1972年对这棵栗树测量的结果为：树干周长50.9米。百骑大栗树的正式树各名称叫欧洲栗，又称甜栗，是欧洲的乡土树种，非洲北部和亚洲西部也有分布。它的坚果可食，木材优良，可作建筑、家具、细工木用材。

最坚硬的树种

在植物界，有一种刀斧难入的树种。由于它材质硬，难锯、难刨，用斧头劈它竟会迸出火星。所以，人们称它为铁刀木。铁刀木的硬度可达656~698千克/厘米^2。它的木材外围是黄色或白色，而中心部分是褐色或紫黑色，若露于空气中，则几乎呈黑色，犹如铁石，因此也称它为“黑心木”。它是世界上最硬的树种。

铁刀木高可达20米。树皮深灰色，近光滑小枝粗壮，稍具棱，疏被短柔毛。偶数羽状复叶，小叶6~11对，薄革质，长椭圆形，长3.5~7厘米，宽1.5~2厘米，顶端圆钝，微凹陷而有短尖头，基部近圆形，叶背稍被脱落性的短柔毛；托叶早落。花为伞房状总状花序，腋生或顶生，排成圆锥状，花序轴被灰黄色短柔毛；萼片5深裂，花径约2.5厘米，花瓣5，黄色，雄蕊10枚，7枚发育，3枚不发育，子房无柄。荚果条状，扁平，两端

铁刀木

渐尖，长 15 ~ 30 厘米，宽 1 ~ 1.5厘米。有种子 10 ~ 20 粒，近圆形，扁平。

铁刀木喜光、不耐荫蔽。又喜温，凡有霜冻、寒害的地方均不能生长，在年平均气温 21℃ ~ 24℃，极端最低气温在 2℃以上的热带地区，生长最为适宜；在年平均气温 19.5℃的南亚热带，极端最低温在 0℃以上的地区尚能生长。萌芽力强，适于薪炭林的头木作业，通常 3 年采薪一次，可以连续利用数 10 年。

铁刀木属于豆科植物，原产印度、缅甸、泰国、越南等亚热带地区，我国台湾、广东、广西、福建、云南均有栽植。由于它对病虫害抗病能力强，又耐腐蚀，且生长迅速，又十分长寿。所以，它是优良的工艺美术材料，也被用来制作高级家具。

生长最慢的树

自然界树木生长的速度千差万别，有的快得惊人，有的慢得出奇。例如，在苏联的喀拉哈里沙漠中，有一种名叫尔威兹加树，个子很矮，整个树冠是圆形的，要是从正面看上去，就像是沙地上的小圆桌。它的升高速度慢极了，100 年才长高 30 厘米。要是和毛竹的生长速度相比，真像老牛追汽车。尔威兹加树要长 333 年，才能达到毛竹一天生长的高度。

尔威兹加树生长为什么如此慢呢？除了它的本性以外，沙漠中雨水稀少，天气干旱，风大也是重要原因。

最老的荔枝树

在我国福建莆田城内，有一棵唐朝时候栽的古荔枝树，名叫“宋家香”，已有1200多岁了。这棵老树至今仍旧生气勃勃，枝叶繁茂，果实累累。它不仅是最老的荔枝树，也是世界罕见的高龄多产果树。

“宋家香”

在这漫长的岁月里，“宋家香”经受了严寒、飓风和烈火等的摧残和考验，多次衰败下去，而又复壮起来。现在，这棵树有两个主干，每个主干周围1米多长。树高6.4米。树冠直径，南北方向8.9米，东西方向7.17米，覆盖地面60多平方米。一般年景能采荔枝50多千克。

“宋家香”素来以果实品质优良而闻名。它的果皮鲜红色，薄而脆，单果重12～14克，吃起来脆滑无渣，甜香可口。经过分析，果肉含糖12.15%，含果酸0.9%；还有大量的维生素C，果实品质比其它所有的品种都好。

“宋家香”古荔，不仅国内闻名，在欧美评价也极高。1903年和1906年，美国传教士蒲鲁士两次从莆田运走树苗，在美国佛罗里达州试栽成功，并推广到南部各州及巴西、古巴等地。现在美国等国所种的荔枝，都可以说是“宋家香”的子孙后代。我国荔枝传到美国后，深受美国人民的欢迎，称它是“果中之王”和“果中皇后”。

解放后，“宋家香”这棵千年古荔，已被列为福建省莆田县重点保护的文物。

最古老的杨树

在现今的杨树家族中，胡杨是最古老的一员。这是因为在我国新疆库车千佛洞和甘肃敦煌铁匠沟的第三纪地层中曾发现过它的化石，距今大约已6500万年。目前世界上的胡杨资源越来越少，然而在我国新疆塔克拉玛干大沙漠边缘却有世界上罕见的一片胡杨林，为新疆有名的三大自然林区之一。这片林区面积有33万多公顷，蓄积量为460万立方米。那里的气候极端干旱，年降雨量只有10～50毫米，而沙层下的含盐量竟达50%，所以，这片胡杨林是我国干旱沙区宝贵的自然资源，在改善当地的环境条件，阻挡流沙、保障农牧业生产中建立着丰功伟绩。

美丽的胡杨树

胡杨所以能够生长在如此干旱、盐渍化程度如此高的土壤中，是因为胡杨有许多适应干旱和盐碱的特征。首先，胡杨的根异常发达，尤其侧根密织如网，有人测算过，一株15年生的胡杨树，它们的根深虽只有50～70厘米，但侧根却分布长达20米，因此，能在沙地上岿然屹立。同时，胡杨的叶十分奇特。在不同时期，有不同大小和形状，如在年幼时，叶为长条形，这样可以减少水分的蒸发，而到成年之后，则变为三角形、卵圆形或肾形，而且上面也渐渐革质化，有效地减少了水分的蒸发。

胡杨的身体仿佛骆驼一般可以贮存不少水分，而且越干旱，它贮存的水分也越多，如果把胡杨的树干折断，水分蒸发后，可见灰白色的结晶物，为胡杨碱. 就是在胡杨的茎、枝、叶的表面也分泌着丰富的盐碱，科研人员曾测定过一株胡杨，其叶子表面有5%的盐碱，根约有2.5%，树皮约有10%，这就是胡杨为什么能在含盐量高达3%的土壤中生存的秘密所在。

胡杨耐盐碱干旱，不可能长得十分高，一般不过2米多．但在塔里木盆地安迪尔河下游却生长着一棵罕见的“胡杨王”它高达22米，树冠直径20米，枝下高5米，胸径粗2米，约有250岁。

胡杨木材纹理美观，不受虫蛀，既耐腐，又耐水湿，所以是制作家具、桥梁、电杆、坑木的良材。胡杨木材的纤维还很长，可达1100多微米，是良好的造纸原料。此外，一棵胡杨可以采收一市斤以上的胡杨碱，其纯度高达百分之六七十，可食用、制肥皂及化工原料，而其树叶还是喂羊的好饲料。

世界泡桐之王

泡桐原产于我国，有紫花泡桐（毛泡桐）、白花泡桐、楸叶泡桐、兰考泡桐、四川泡桐等十几个种类，分布在北起辽宁，南到台湾以至海南岛的广大范围内。其中尤以河南、河北、山东、山西生长最佳。在日本、朝鲜、东南亚一带也有分布与种植。近年来又远涉重洋，在巴西、巴拉圭、乌拉圭、阿根廷等拉丁美洲国家安家落户。

泡桐树

泡桐所以闻名于世，第一就是因为它生长极为迅速，五六年即可成材。一株10年生的泡桐，一般胸径竟可达30～40厘米，所以流传着“一年一根杆，五年能锯板”、“三年成林，五年成材”的说法。在四川省酉阳县老寨乡曾发现了一棵高大参天的白花泡桐树，树龄虽只有75岁，但树高却达44米，树干直径134．4厘米，材积20.5立方米。这棵被编为“酉阳一号”的白花泡桐是我国最高大的一株泡桐树，也是世界上桐类树中之王。

泡桐的木材轻软而有弹性，不易翘裂变型，又易于加工，加上纹理美观，防潮隔热，不被虫蛀，不易燃烧，因此是制造胶合板、箱板，家具、假肢、建筑等的上等良材。尤其是我国自古以来就有用桐木制造乐器的传统，索有“琴桐”之称。

《广群芳谱》中载：“琴”材以轻，松、脆，滑，谓之“四善”。取桐木多年者，本性都尽，液理枯劲，则声易发而清越。”时至今日，泡桐仍不失为制造乐器的良材。泡桐木材极轻，其气干容量少，只及杨树或辐射松的一半，与世界最轻的树木巴尔沙木（见最轻的树木）相似。因此广泛用作航空、车船的包装板以及制造模型和用作造纸原料。

此外，泡桐的叶、花营养丰富，是良好的饲料和肥料。其叶、花、果、树皮皆可入药，医治气管炎，并有降血压之功效。泡桐树高大通直，树冠庞大，树态优美，叶大多毛，它分泌的粘液，可净化空气，并对二氧化硫、氯气、硫化氢、氟化氢、硝酸雾均有较强的抗性，又耐干旱、风沙，因此，还是绿化及营造速生林的重要树种。

最小的灌木

世界上著名的瑞典博物学家，双名学的创立者林奈（1707～1778年），他以毕生的精力，致力于动、植物分类的研究，把过去紊乱的动植物名称，归于统一，在生物学发展史上有划时代的伟大意义，并且对植物分类研究的进展，也作出了巨大的贡献。他曾给数以千计的动、植物命学名，但他很谦虚，只选一种世界上最小的灌木用自己的名字命名，叫“林奈木”，表示自己个人作用的渺小。林奈这种谦逊的美德，更博得了世人的崇敬。

人们不禁要问，什么叫灌木？灌木是指树身矮小，没有明显的主干，在近地面处生出许多枝条，成为丛生状态的植物，如常见的夹竹桃、木槿、杞柳、连翘等。

林奈木，是“灌木王国”中最小的一员，也叫林奈草和林奈花，又名北极花，属于忍冬科，是四季常青的匍匐性的灌木，木质茎与枝仅仅高5～10厘米，细如铁丝，整个林奈木矮小似苔藓。叶子四枚，花成对生子枝顶。白色或粉红色，放出芳香，果实近似球形，很小很小，长约3毫米。

林奈木

林奈木是广泛分布于北半球寒冷地区的单种属，多生于针叶林和针阔叶混交林下。我国东北的长白山和兴安岭、新疆的阿尔泰山等地区的树林下就有成片的林奈木生长着。

最重的树木

黑黄檀

黑黄檀是世界上最重的树，1立方米的黑黄檀木材干重达1100多千克。黑黄檀零星分布于云南西南部热带山地。由于过度利用和毁林开荒，森林受到严重破坏，多数中龄树和幼树难以长大成材，植株数量越来越少。

黑黄檀为落叶乔木，高达20米，直径50～70厘米；树皮厚，平滑或条块状剥落，褐灰色至土黄色。奇数羽状复叶，长10～13厘米；小叶9～13，互生，椭圆形，坚纸质至近革质，先端钝或微缺，上面无毛，下面被疏散细毛。圆锥花序腋生，长5~6厘米；花小，蝶形，长6~8毫米；花瓣白色；雄蕊9，连成单体；子房俱长柄。荚果舌状，长4~8厘米，宽1~1.5厘米。

黑黄檀生长轮不明显或略明显。心材新切面紫褐、黑褐或栗褐，常带明显的紫或黑褐色窄条纹。管孔在肉眼下略见，含黑色树胶。轴向薄壁组织颇明显，主为同心层式窄带状。木纤维壁甚厚。木射线在放大镜下明显；波痕亦然；射线组织同形单列及多列。无酸香气或很微弱，结构细，纹理斜或交错。

黑黄檀材质坚重致密比重达1.13克/立方厘米，花纹瑰丽，耐久，不开裂，是一种类似进口红木的特级硬木原料，属国产木材之珍品。用于制作高级管弦乐器、红木家具及工艺美术雕刻等。

最轻的树木

轻木，又名巴尔沙木，属木棉科，是植物体本身——木材中最轻的树木。它是一种中等高度的常绿乔木。原产热带美洲，分布于西印度群岛、墨西哥、秘鲁、玻利维亚等热带国家，现在我国云南也已引种。它的比重为0.04，据测定在木材含水量达6%时每立方厘米只重0.1克，而世界上最重的铁刀木每立方厘米3克重，轻木只是它的1/30的重量。二者相比，轻木真可以用“轻如鸿毛”来形容了。

轻 木

轻木是木棉科、轻木属中唯

一的一种常绿中等乔木。一株10年生的轻木可高达16米，直径50～60厘米。叶宽心脏形，交互生长在枝条上。花大，色黄白，着生于树冠上层。结长圆形蒴果，里面有绵状的簇毛，由五个果瓣构成。种子倒卵形，淡红色或咖啡色，外面密被绒毛，像棉花籽一样。轻木原产南美洲及西印度群岛，当地人称它为“巴尔沙木”。“巴尔沙”在西班牙语中的意思是“筏子”，用轻木做筏子具有特别大的浮力，可载运更多的东西。

轻木的物理性能良好，有隔音、隔热等特性，工业上作为特种材料，用轻木制成的夹心板，是航空、航海、建筑、冷藏车等的重要材料。轻木是世界上最速生的树种之一，它生长迅速，平均每年胸径增长可达40厘米，是一种热带的速生树种。因此轻木的引种在林业生产上有重要的意义。

最矮的树木

一般的树木能长到20～30米高。在温带的树林下，生长一种小灌木，叫紫金牛，绿叶红果，人们都很喜爱它，常常把它作为盆景。它长得最高也超不过30厘米，因此，大家给它起一个绰号——“老勿大”。

其实“老勿大”比起世界最矮的树来，要高6倍。这最矮的树叫矮柳，生长在高山冻土带。它的茎匍伏在地面上，抽出枝条，长出像杨柳一样的花序，高不过5厘米。如果拿杏仁桉的高度与矮柳相比，一高一矮要相差15000倍。与矮柳差不多高的矮个子树，还有生长在北极圈附近高山上的矮北极桦，据说那里的蘑菇，长得比矮北极桦还要高。

矮　柳

矮柳之所以矮，主要不是受制于恶劣气候环境，矮柳生长在高山地带。那里的温度极低，空气稀薄，大风强劲，阳光直射，植株的身材必须矮小，才能适应这种环境。

最“开心”的树

非洲东部卢旺达的首都基加利，有个芝密达兰哈德植物园，园里有一种会发出“哈！哈！”笑的树。初到植物园的人往往被这笑声所戏弄，对此迷惑不解，听到“哈！哈！”笑声却看不到发出声的人。

原来笑声是树发出来的，当地人称这种树叫笑树，笑树是一种小乔木，能长到七八米高，树干深褐色，叶子椭圆形。每个枝杈间长有一个皮果，形状像铃铛。皮果内生有许多小滚珠似的皮蕊，能在果皮里滚动。皮果的壳上长了许多斑点般的小孔，每当微风吹来，皮蕊在里面滚动，就会发出“哈！哈！”的声响，很像人的笑声。

笑树这种会笑的功能，被人们巧妙地利用起来，把它种植在田边，每当鸟儿飞来的时候，听到阵阵笑声，以为是人来了，不敢降落，从而保护了农作物不受损害。

最咸的树木

在我国黑龙江省与吉林省交界处，有一种六七米高的树，每到夏季，树干就像热得出了汗。“汗水”蒸发后，留下的就是一层白似雪花的盐。人们发现了这个秘密后，就用小刀把盐轻轻地刮下来，回家炒菜用。据说，它的质量可以跟精制食盐一比高低。于是，人们给了它一个恰如其分的称号——“木盐树”。

树如何能产盐？说来话就长了。一般植物喜欢生长在含盐少的土壤里。可有些地方的地下水含盐量高，而且部分盐分残留在土壤表层里，每到春旱时节，地里出现一层白花花的碱霜，这就是土壤中的盐结晶出来了。人们把以钠盐为主要成分的土地叫作盐碱地，山东北部和河北东部的平原地区有不少这样的盐碱地。还有滨海地区，因用海水浇地或海水倒灌等原因，也有大片盐碱地。植物要能在这样的土壤里生存，的确得有些与众不同之处。否则，根部吸收水分就会发生困难，同时，盐分在体内积存多了也会影响细胞活性，会使植物被“毒”死。

木盐树就是利用“出汗”方式把体内多余盐分排出去的。它的茎叶表面密布着专门排放盐水的盐腺，盐水蒸腾后留下的盐结晶，只有等风吹雨打来去掉了。

全世界种植粮食的土地受盐碱危害的面积正日益扩大，现共有 57 亿亩成了盐碱地。我国也有 4 亿亩盐碱土，黄淮海平原是重要的农业区，却有 5000 万亩盐碱地。利用盐生植物来治理盐碱地是一个好方法。

最甜的树木

糖槭树原产北美洲，以加拿大为多，因此加拿大被称为“枫树之国”。每到秋风送爽时，成片的槭树上挂满红艳艳的叶子，犹如灿烂的朝霞，十分美丽。加拿大人把瑰丽的槭树叶子视为国宝，在他们的国旗、国徽图案上都绘有红色的槭树叶子，槭树叶成了加拿大的标志和国花。

糖槭树

糖槭树是世界三大糖料木本植物之一，是多年生的落叶乔木，高可达 30～40 米，胸径 60～100 厘米。它的含糖量很丰富。一般 15 年以上的糖槭树就可采割树汁。每逢春天，加拿大人开始采割糖槭树汁，他们在树干上打孔，插上管子，让白色的树汁顺管子流入采集桶内。

每个孔可采集100多千克树液。这种树液的含糖量为0.5% ~7%，高的可达10%。一株15年的糖槭树，每年可采制两三千克糖。每株树可连续产糖50年，有的可达百年以上。

用糖槭树液熬出的糖浆，香甜如蜜，俗称枫糖。它的主要成分是蔗糖，其余还有葡萄糖和果糖，营养价值很高，可与蜜糖媲美。

按照加拿大联邦政府的规定，枫糖浆可按颜色、透明度和口味分成三个等级，即最高等级——有浓厚的枫树原味，最适合直接吃；第二等级——口味稍差点，颜色是琥珀色；第三等级——颜色最深，适合做食品添加剂。枫糖浆的通常吃法是直接淋在薄烤饼上吃。枫糖浆的另一种吃法，被称为“雪上的枫树果汁”，即在加拿大的冬天，当地人在一块干净的木板上铺上干净的雪，把煮沸的枫糖浆直接淋在雪上面，枫糖浆会慢慢凝固，然后用一根小木棒儿把凝成的软软的枫糖慢慢卷起来，制成很有嚼头的枫糖棒棒糖。枫糖的用途很广，除供食用外，还可用于食品工业。

加拿大的枫糖产量居世界之首，远销国外。柬埔寨境内也有一种产糖的树，叫糖棕，被称为宝树。不过它的糖汁不是从树干流出来，而是从花序中割收糖棕的汁液，每天可流满3竹筒，可连续半年。

最毒的树木

古代印第安人生活的地方生长着一种很毒的植物，叫箭毒木，当地人就经常在树木的树干部分割开一个伤痕，让树脂流出，当地人便用这种树脂涂在箭头上来捕杀猎物。后来英国殖民者侵入此地，印第安人便用这种涂了树脂的弓箭来抵抗英国侵略者。英军被这种弓箭射中后立即中毒身亡，从此再不敢侵略他们。这种树又被称为见血封喉树。

见血封喉树为最毒的树，别名加布、剪刀树，属桑科见血封喉属。这种树的树皮或枝条破裂后，流出剧毒的白色乳汁。人、畜吃了会引起心脏麻痹而中毒死亡，如果误入眼中，会双目失明。

见血封喉属约有6种，分布于东南亚，我国仅产1种，生长在西双版纳海拔1000米以下的常绿林中，是国家三级保护植物，是一种剧毒植物和药用植物。当地少数民族在历史上曾将见血封喉的枝叶、树皮等捣烂取其汁液涂在箭头，射猎野兽。据说，凡被射中的野兽，上坡的跑七步，下坡的跑八步，平路的跑九步的就必死无疑，当地人称为“七上八下九不活”。但据分析，见血封喉植物的主要成分具有强心、加速心律、增加血液输出量的功能，是一种有较好开发前景的药用植物。

箭毒木

见血封喉是常绿大乔木，高可达75米（我国产的30米），树木基部粗大，树皮灰色。春季开花，花单性，雌、雄同株。雄花组成头状花序，生于叶腋，雌花单生，果肉质，梨形，紫红色，味极苦。茎皮中的纤维可用来制绳索和纺织麻袋。这种树在印度、中印半岛1000米以下的山地常绿阔叶林中颇为常见。我国产于云南南部、广西南部、广东、海南。

最高的树篱

在房子、菜园、果园等周围栽上一圈树木，好像围墙，这叫做树篱，或叫绿篱。

人们常用花儿美丽的木槿、满身长刺的枸桔、四季常青的女贞以及秋后叶红的三角枫等树种，作为树篱。木槿、枸桔是长不高的灌木，女贞、三角枫虽然能长高，但因栽得紧密，时常修剪，所以一般也只有5~6米高。在英国苏格兰地方，用山毛榉树作为树篱，这种树修剪以后，仍有25米高，有的高达 30 米。这是世界上最高的树篱。

毛榉树系落叶乔木，树冠倒卵状伞形，树皮棕褐色、平滑，老时薄片状脱落。单叶互生，卵形、椭圆状卵形或卵状披针形，先端尖或渐尖，缘具锯齿。叶表面微粗糙，背面淡绿色，无毛。叶秋季变色，有黄色系和红色系两个品系。坚果较小。

毛榉树（别名血榉、金丝槲、沙槲树、毛脉榉等）又名大叶榉，是榆科榉属的乔木树种，属国家二级重点保护植物。在我国分布广泛，生长较快，材质优良，是珍贵的硬阔叶树种。它树冠广阔，树形优美，叶色季相变化丰富，病虫害少，又是重要的园林风景树种。因此，在造林绿化、园林配置、生物多样性保护等方面，越来越受到人们的青睐。榉树为特种珍贵用材树种，以其材质坚硬，材色鲜艳，弧面上花纹美丽，油漆性能优良，耐水湿，用途广等优点成为市场上长期紧俏的材料。

种子最短命的植物

热带植物的种子寿命大多不长，比如可可的种子只能活 35 小时，甘蔗和橘子的种子在离开果实后，只能活几天，最多也不过十来天。

有一种沙生植物叫梭梭树，它的种子只能活几个小时，是世界上寿命最短的种子。这种植物由于长期适应缺水、炎热的沙漠环境，练出了一套迅速萌芽的特殊本领。它的种子只要得到一点点水，在 2 ~ 3 小时内就会生根发芽。可以算得上是发芽最快的种了。

梭梭树分布区的气候为极端大陆性。年平均温 2℃ ~ 11℃，1 月平均温为零下 18℃ ~ 8℃，7 月平均温 22℃ ~ 26℃，极端最高温 42℃，极端最低温为零下 42℃；年降水量 30 ~ 100 毫米或更低。它不仅能生在干旱荒漠地区水位较高的风成沙丘、丘间沙地和淤积、湖积龟裂型粘土，以及中、轻度盐渍土上，也能生长在基质极端粗糙、水分异常缺乏的洪积石质戈壁和剥蚀石质山坡及山谷。梭梭具有冬眠和夏眠的特性，喜光性很强，不耐蔽荫，抗旱力极强，根系发达。在气温高达 43℃，而地表温度高达 60℃ ~ 70℃ 甚至80℃的情况下，仍能正常生长。抗盐性很强，幼树在固定半固定、土壤含盐量0.2%～0.3%的沙丘上生长良好，而在含盐量0.13%以下者反而生长不良。花期7月，果期9月，10～11月种子成熟。

梭梭树

梭梭树主要分布于内蒙古自治区阿拉善盟以及新疆的沙漠上。寄生在梭梭树气根上的珍稀植物肉苁蓉，号称“沙漠人参”，内蒙古的肉苁蓉的产量、质量均居全国第一。另外，梭梭材质坚重而脆，燃烧火力极强，且少烟，号称“沙煤”，是产区的优质燃料，又是搭盖牲畜棚圈的好材料。嫩枝是骆驼赖以度过冬、春的好饲料。还可用来防风固沙。

热带果王——芒果

芒果原产亚洲南部热带地区的印度、马来西亚群岛一带。芒果以果形美观、色泽金黄、内质甜美、气味芳香而蜚声于世，被誉为“热带水果之王”。芒果果实营养价值高，果肉含糖量达14%～16%，果实富含多种维生素，特别是维生素A和维生素C。据分析，每100克果实中含维生素C 57.4～137.59毫克，维生素A含量650～4735国际单位。果实除鲜食外，还可加工成罐头、果汁、果酱、蜜饯等多种食品。芒果又是名贵蜜源植物。芒果树姿美观，是城乡理想的观赏树和行道树。

芒果属漆树科芒果属，我国主要有四种：芒果、桃叶芒、冬芒和林生芒。芒果类又分为印度类型、印度支那类型、印度尼西亚类型和中国类型。主要品种有秋芒、泰国芒（青皮芒）、吕宋芒（蜜芒、湛江吕宋芒）、大吕宋、象乐芒、桂香芒、绿皮芒等。

芒果是深根性果树。芒果为杂性同株，有雄花、两性花和畸形花。芒果花序抽生一般在1月上旬至3月下旬，最早的在11～12月，最迟的4～5月。芒果性喜温暖，不耐霜冻。0℃以下，幼树和成年树的花穗、嫩枝、部分叶片受冻枯死，零下3℃大树会受冻致死。

芒果树

世界上许多国家都有各自喜爱的芒果品种。泰国人常常爱说自己的芒果是世界上最好的，泰国人喜爱一种叫“婆罗门米亚”的芒果，意思是“卖老婆的婆罗门”，传说有个酷爱芒果的婆罗门竟把老婆卖了买芒果吃，因此得名。印度人把阿方索芒果、佩珊芒果和孟加拉芒果当作珍品。斯里兰卡人喜爱的是鹦鱼芒果和卢比芒果。菲律宾人欣赏的是加拉巴奥芒果，近年来为了做生意，将它改名为马尼拉超级芒果。

芒果

含热量最高的水果

鳄梨树是樟科鳄梨属的一种。原产中美洲，全世界热带和亚热带地区均有种植，但以美国南部、危地马拉、墨西哥及古巴栽培最多。中国的广东、福建、台湾、云南及四川等地均有少量栽培。常绿乔木，叶互生，革质，长椭圆形、椭圆形、卵形或倒卵形，上面绿色，下面稍苍白色，密生短柔毛。聚伞状圆锥花序，多数生于小枝的下部，具梗，被短柔毛；苞片及小苞片线形，被短柔毛。花淡绿带黄色，花被两面被毛，裂片6，长圆形，外轮3枚略小；能育雄蕊9，排成轮3，花药4室，退化雄蕊3，位于最内轮，箭头状心形。核果大，肉质，通常梨形、卵形或近球形，黄绿色或红棕色。

鳄　梨

鳄梨是一种营养价值很高的水果，果肉柔软似乳酪，色黄，风味独特，含有维生素A、维生素C、维生素E，及2.2%的蛋白质和丰富的脂肪，钠、钾、镁、钙等含量也高。它是新鲜水果中含热量最高的水果，可食部分每千克含热量达6822焦耳。但是，在树上自然成熟的鳄梨，可以说从来没能到达我国市场。果仁含油量8%～29%，油是一种不干性油，没有刺激性，酸度小，乳化后可以长久保存，除食用外，可作高级化妆品、机械润滑和医药上的润皮肤用油及软膏原料。

园艺上把鳄梨分为墨西哥宗、西印度群岛宗和危地马拉宗。有些植物学家认为墨西哥是不同的种，定为Persea drymifolia，原产墨西哥，其特征是叶有茴芹味，果小，90～240克（3～8盎斯），皮薄、香味浓、质量好，也最耐寒，可种植于其他种类不能生长的寒冷地区。危地马拉宗原产中美高原地区，抗霜力略弱於墨西哥宗，果实中到大型（240～1000克），特征是皮厚，木质化，成熟期与其他宗不同。西印度群岛宗最耐热，在美国仅限于佛罗里达州南部，这一类果实大，质量也好。3个宗之间的自然杂交产生了许多变种，有些是重要的商业品种。

颜色变化最多的花

桃花红，梨花白，从花开到花落，色彩似乎没有什么变化。但是，在自然界里，有一些花卉的颜色却变化多端。例如：金银花，初开时色白如银，过一两天后，色黄如金，所以人们叫它金银花。我国有种樱草，在春天摄氏20°左右的常温下是红色，到摄氏30度的暗室里就变成白色。八仙花在一些土壤中开蓝色的花，在另一些土壤中开粉红色的花。有一些花在它受精以后也会变色。比如棉花，刚开时黄白色，受精以后变成粉红色。杏花含苞的时候是红色，开放以后逐渐变淡，最后几乎变成白色。

颜色变化最多的花要数弄色木芙蓉了。弄色木芙蓉又名三弄芙蓉，为锦葵科、木槿属落叶灌木或小乔木，株高2~5米，枝条密被星状短柔毛，单叶互生，掌状，5裂至7裂，裂片三角形，先端尖，边缘有锯齿，叶柄圆筒形，长达20厘米。花生于叶腋或枝顶，多为重瓣复心，花径15厘米左右，花期9月~11月。

据南宋《种艺必用》一书记载：弄色木芙蓉产于邛州，其花一日白，二日鹅黄，三日浅红，四日深红，至落呈微紫色，人称“文官花”。普通的木芙蓉花一般是朝开暮谢，就是著名的“醉芙蓉”，也是早晨初开花时为白色，至中午为粉红色，下午又逐渐呈红色，至深红色则闭合凋谢，单朵花只能开放一天。而弄色木芙蓉却花开数日，逐日变色，实为罕见。由于每朵花开放的时间有先有后，常常在一棵树上看到白、鹅黄、粉红、红等不同颜色的花朵，甚至一朵花上也能出现不同的颜色。这些

弄色木芙蓉

色彩的变，看来非常玄妙，其实都是花内色素随着温度和酸碱的浓度的变化所玩的把戏。

另外，弄色木芙蓉喜温暖湿润和阳光充足的环境，稍耐半阴，有一定的耐寒性。对土壤要求不严，但在肥沃、湿润、排水良好的沙质土壤中生长最好。

最具神秘调味本领的植物

在西非热带森林里生长着一种植物，当地群众把它叫做“神秘果”。它的果实外貌并无神秘之处，椭圆形，长约2厘米，果皮红色，里面有一颗大的种子和少量带甜味的果肉。

这种植物的神秘之处，在于它的黏胶状的果肉。只要放少许果肉在嘴里咀嚼，过一些时候再吃有强烈酸苦味的柠檬、大黄、野生苦橙子等果实时，味道就不再是酸苦的，而是甜的了。这种神秘的调味本领，是任何果实都无法与它相比的。

其实神秘果含有一种变味蛋白酶（又称神秘果素），虽然并不能真正地改变食物的味道，但可以改变人的味觉，所以人们吃过神秘果后再吃任何酸的食物都觉得是甜的。当食用神秘果后，其中的神秘果素会分布在舌头的味蕾细胞膜上，在中性pH的环境下时，在神秘果素上的甜味接受蛋白，不会与甜味接受部位结合，因此神秘果素不具甜味。在食用酸性食物后，因为有（酸）的存在，舌头上的味细胞膜结构会改变，此时甜味接受蛋白会结合在甜味接受部位上，所以就感觉到甜味，神秘果素会紧紧的结合在舌头表面，持续2小时以上，所以在食用神秘果后的1～2小时之内，所吃的酸性食物皆会感觉甜美无比。因此，对于神秘果改变味觉的功能，是一种天然、物理性而安全的变化，适合作为日常食品食用。神秘果已在我国云南省热带植物研究所引种了。

含维生素C最多的植物

刺梨为蔷薇科植物缫丝花的果实，又名茨梨、木梨子，是滋补健身的营养珍果。是鄂西山区的天然野果。其每年的收获期不足30天。

刺 梨

刺梨为野生小灌木，4～6开粉红色、红或深红色的花，夏花秋实。果实多为扁圆球形，横径一般为2～4厘米，8～9月果实成熟，黄色，有时带红晕。果肉脆，成熟后有浓芳香味。果皮上密生小肉刺，俗称之为“刺梨”。果实内含有丰富的维生素C，每百克鲜果的可含部分一般含维生素C 2000毫克，因此被称之为“维C之王”；含单宁500～1000毫克，含酸1～2克，总糖量一般4克左右。

贵州的毕节、六盘水是刺梨资源最为丰富的地区，省会贵阳的周边分布亦广。可以说，刺梨在贵州作为药食两用品种已有很久的历史。人们把它作为水果来吃，或者用于泡酒已成为习惯。到了每年的8月9月产新季节，大街小巷都能看见有刺梨干果和鲜果出售，并且有厂家把它视为“炎黄圣果”进行开发，生产成饮料进入超市。

刺梨的药用价值很高，其花、叶果、籽可入药，有健胃、消食、滋补，止泻的功效。特别是刺梨富含超氧化物歧化酶（简称SOD），SOD是国际公认具有抗衰、防癌作用的活性物质，还具有抗病毒、抗辐射的作用，在心血管、消化系统和各种肿瘤疾病防治方面，应用十分广泛。